我的手编经典毛衣

张 翠　万秋红　黄长英 编著

制图：张燕华

摄影：陈健强

模特：王真真　郭晨　杜慧恒

辽宁科学技术出版社

图书在版编目（CIP）数据

我的手编经典毛衣／张翠，万秋红，黄长英编著.
——沈阳：辽宁科学技术出版社，2011.5
ISBN 978-7-5381-6925-6

Ⅰ·①我… Ⅱ. ①张… ②万… ③黄… Ⅲ·①绒线—服装—编织
—图集Ⅳ·①TS941.763—64

中国版本图书馆CIP数据核字（2011）第057290号

出版发行：辽宁科学技术出版社
　　　　　（地址：沈阳市和平区十一纬路29号　邮编：110003）
印　刷　者：东莞新丰印刷有限公司
经　销　者：各地新华书店
幅面尺寸：210㎜×285㎜
印　　张：13
字　　数：200千字
印　　数：1～11000
出版时间：2011年5月第1版
印刷时间：2011年5月第1次印刷
责任编辑：赵敏超
封面设计：孙佳玲
版式设计：孙佳玲
责任校对：李淑敏

书　　号：ISBN 978-7-5381-6925-6
定　　价：39.80元

联系电话：024—23284367
邮购热线：024-23284502
E-mail:473074036@qq.com
http://www.lnkj.com.cn
本书网址：www.lnkj.cn/uri.sh/6925

敬告读者：
本书采用兆信电码电话防伪系统，书后贴有防伪标签，全国统一防伪查询
电话16840315或8008907799（辽宁省内）

本书作品使用的针法

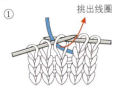

│ =下针(又称为正针、低针或平针)

① 挑出线圈

②

①将毛线放在织物外侧，右针尖端由前面穿入活结。

②挑出挂在右针尖上的线圈，同时此活结由左针滑脱。

━ 或 □ =上针(又称为反针或高针)

① 挑出线圈

②

①将毛线放在织物前面，右针尖端由后面穿入活结。

②挂上毛线并挑出挂在右针尖上的线圈，同时此活结由左针滑脱。上针完成。

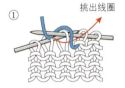

◯ =空针(又称为加针或挂针)

① 线在右针上绕1圈

②

①将毛线在右针上从下到上绕1次，并带紧线。

②继续编织下1个针圈。到次行时与其他针圈同样织。实际意义是增加了1针，所以又称为加针。

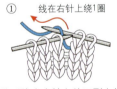

Ω =扭针

右针从后到前插入针圈，将这针扭转方向后再织。

① 挑出线圈

②

③

①将右针从后到前插入第1个针圈(将待织的这一针扭转)。

②在右针上挂线，然后从针圈中将线挑出来。

③继续往下织，这是效果图。

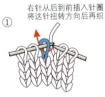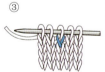

Ω =上针扭针

右针按图示方向插入针圈，将这针扭转方向后再织上针。

①

② 挑出线圈

①将右针按图示方向插入第1个针圈(将待织的这一针扭转)。

②在右针上挂线，然后从针圈中将线挑出来。

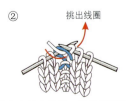

◎ =下针绕3圈

在正常织下针时，将毛线在右针上绕3圈后从针圈中带出，使线圈拉长。

挑出线圈

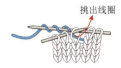

◎ =下针绕2圈

在正常织下针时，将毛线在右针上绕2圈后从针圈中带出，使线圈拉长。

挑出线圈

∏ =滑针

① 松开到上一行

② 挑出线圈

③

①将左针上第1个针圈退出并松开并滑到上一行(根据花形的需要也可以滑出多行)，退出的针圈和松开的上一行毛线用右针挑起。

②右针从退出的针圈和松开的上一行毛线中挑出毛线使这形成一个针圈。

③继续编织下一个针圈。

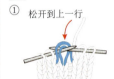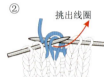

Ʌ =上浮针

① 线放在织物前面，针圈挑到右针上

② 毛线在前面横过再放到织物后面

③

①将毛线放到织物前面，第1个针圈不织挑到右针上。

②毛线在第1个针圈的前面横过后，再放到织物后面。

③继续编织下一个针圈。

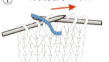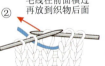

V =下浮针

① 线放在织物后面，针圈挑到右针上

② 毛线在后面横过

③

①将毛线放在织物后面，第1个针圈不织挑到右针上。

②毛线在第1个针圈的后面横过。

③继续编织下一个针圈。

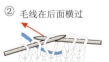

◯ =锁针

①

②

③

①先将线按箭头方向扭成1个圈，挂在钩针上。

②在①步的基础上将线在钩针上从上到下(按图示)绕1次并带出线圈。

③继续操作第②步，钩织到需要的长度为止。

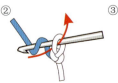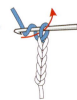

✕ =短针

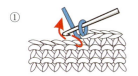

①将钩针按箭头方向插入上一行的相应位置中。

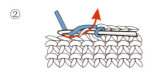

②在①步的基础上将线在钩针上从上到下（按图示）绕1次并带出线圈。

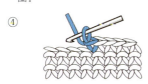

③继续将线在钩针上从上到下（按图示）再绕一次并带出线圈。

④1针"短针"操作完成。

⚷ =枣针(3针长针并为1针)

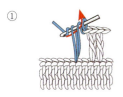

①将线先在钩针上从上到下（按图示）绕1次，再将钩针按箭头方向插入上一行的相应位置中，并带出线圈。

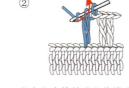

②在①步的基础上将线在钩针上从上到下（按图示）绕1次并带出线圈。注意这时钩针上有两个针圈了。

③继续操作第②步两次，这时钩针上就有4个针圈了。

④将线在钩针上从上到下（按图示）绕1次并从这4个针圈中带出线圈。1针"枣"操作完成。

Ƴ 或 Y =左加针

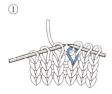

①左针第1针正常织。

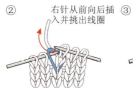

②左针尖端先从这针的前一行的针圈中从后向前挑起针圈。针从前向后插入并挑出线圈。实际意义是在这针的左侧增加了1针。

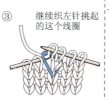

③继续织左针挑起的这个线圈。

Ⱶ 或 Ⲩ =右加针

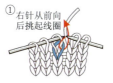

①右针从前向后挑起线圈

①在织左针第1针前，右针尖端先从这针的前一行的针圈中从前向后插入。

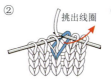

②挑出线圈

②将毛线在右针上从下到上绕1次，并挑出绒线，实际意义是在这针的右侧增加了1针。

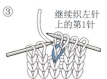

③继续织左针上的第1针

③继续织左针上的第1针。然后此活结由左针滑脱。

⋏ =中上3针并为1针

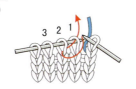

①用右针尖从前往后插入左针的第2、第1针中。然后将左针退出。

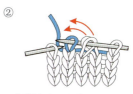

②将绒线从织物的后面带过，正常织第3针。再用左针尖分别将第2针、第1针挑过套住第3针。

⋋ 或 ⋀ =右上2针并为1针(又称为拨收1针)

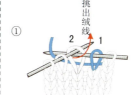

挑出绒线

①第1针不织移到右针上，正常织第2针。

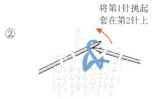

将第1针挑起套在第2针上

②再将1针用左针挑起套在刚才织的第2针上面，因为有这个拨针的动作，所以又称为"拨收针"。

⋏ 或 ⋏ =左上2针并为1针

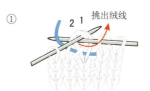

挑出绒线

①右针按箭头的方向从第2针、第1针插入两个针圈中，挑出绒线。

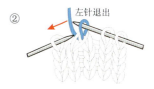

左针退出

②再将第2针和第1针这两个针圈从左针上退出，并针完成。

⋉ 或 ⋉ =1针下针右上交叉

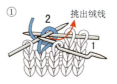

挑出绒线

①第1针不织移到曲针上，右针按箭头的方向从第2针针圈中挑出绒线。

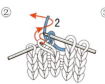

②再正常织第1针（注意：第1针是在织物前面经过）。

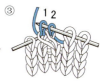

③右上交叉针完成。

本书作品使用的针法

⊠ 或 ⊠ =1针下针左上交叉

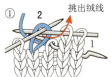 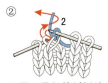 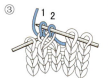

①第一针不织移到曲针上，右针按箭头的方向从第2针针圈中挑出绒线。

②再正常织第1针（注意：第1针是在织物后面经过）。

③左上交叉针完成。

⊠ 或 ⊠ =1针下针和1针上针左上交叉

①先将第2针下针拉长从织物前面经过第1针上针。

②先织好第2针下针，再来织第1针上针。"1针下针和1针上针左上交叉"完成。

⊠ 或 ⊠ =1针下针和1针上针右上交叉

 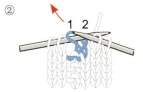

①先将第2针上针拉长从织物后面经过第1针下针。

②先织好第2针上针，再来织第1针下针。"1针下针和1针上针右上交叉"完成。

⊠ =1针扭针和1针上针左上交叉

①第1针暂时不织，右针按箭头方向插入第2针针圈中（这样操作后这个针圈是被扭转了方向的）。

②在①步的第2针针圈中正常织下针。然后再在第1针针圈中织上针。

⊠ =1针扭针和1针上针右上交叉

①第1针暂时不织，右针按箭头方向插入第2针针圈中。

②在①步的第2针针圈中正常织上针。

③再将第1针扭转方向后，右针从上向下插入第1针的针圈中带出线圈（正常织下针）。

⊠ =1针下针和2针上针左上交叉

①将第3针下针拉长从织物前面经过第2和第1针上针。

②先织好第3针下针，再来织第1和第2针上针。"1针下针和2针上针左上交叉"完成。

⊠ =1针下针和2针上针右上交叉

①将第1针下针拉长从织物前面经过第2和第3针上针。

②先织好第2、第3针上针，再来织第一针下针。"1针下针和2针上针右上交叉"完成。

⊠ =1针左上套交叉

 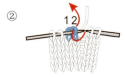

①将第2针挑起套过第1针。

②再将右针由前向后插入第2针并挑出线圈。

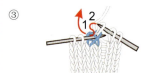 

③正常织第1针。

④"1针左上套交叉"完成。

⊠ =1针右上套交叉

①右针从第1、第2针插入将第2针挑起从第1针的针圈中通过并挑出。

②再将右针由前向后插入第2针并挑出线圈。

③正常织第1针。

④"1针右上套交叉"完成。

 =2针下针和1针上针左上交叉

①

①将第1针上针拉长从织物后面经过第2和第3针下针。

②

②先织第2和第3针下针，再来织第1针上针。"2针下针和1针上针左上交叉"完成。

 =2针下针和1针上针右上交叉

①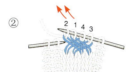

①将第3针上针拉长从织物后面经过第2和第1针下针。

②

②先织第3针上针，再来织第1和第2针下针。"2针下针和1针上针右上交叉"完成。

 =2针下针右上交叉

①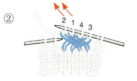

①先将第3、第4针从织物后面经过并分别织好它们，再将第1和第2针从织物前面经过并分别织好第1和第2针(在上面)。

②

②"2针下针右上交叉"完成。

 =2针下针左上交叉

①

①先将第3、第4针从织物前面经过分别织它们，再将第1和第2针从织物后面经过并分别织好第1和第2针(在下面)。

②

②"2针下针左上交叉"完成。

 = 2针下针右上交叉，中间1针上针在下面

①

①先织第4、第5针，再织第3针上针(在下面)，最后将第2、第1针拉长从织物的前面经过后再分别织第1和第2针。

②

②"2针下针右上交叉，中间1针上针在下面"完成。

✐ =拉针

先将右针从织物正面的任一位置(根据花形来确定)插入，挑出一个线圈来，然后和左针上的第1针同时编织为1针。

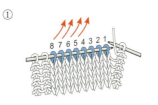 或 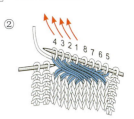 =4针下针右上交叉

①

①将第5、第6、第7、第8针从织物后面经过并分别织好它们，再将第1、第2、第3、第4针从织物前面经过并分别织好第1、第2、第3和第4针(在上面)。

②

②"4针下针右上交叉"完成。

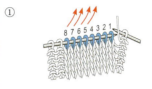 或 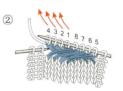 =4针下针左上交叉

①

①先将第5、第6、第7、第8针从织物前面经过并分别织好它们，再将第1、第2、第3、第4针从织物后面经过并分别织好第1、第2、第3和第4针(在下面)。

②

②"4针下针左上交叉"完成。

 =铜钱花

①

①先将第3针挑过第2和第1针(用针圈套住它们)。

②

②继续编织第1针。

③

③加1针(空针)，实际意义是增加了1针，弥补①中挑过的那1针。

④

④继续编织第3针。

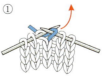 或 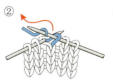 =在1针中加出3针

①

①将毛线放在织物外侧，右针尖端由前面穿入活结，挑出挂在右针尖上的线圈，左针圈不要松掉。

②

②将毛线在右针上从下到上绕1次，并带紧线，实际意义是又增加了1针，左针圈仍不要松掉。

③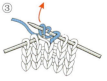

③仍在这一个针圈中继续编制①1次。此时左针上形成了3个针圈。然后此活结由左针滑脱。

本书作品使用的针法

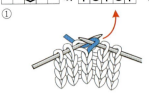 = 在1针中加出5针

①

①将毛线放在织物外侧，右针尖端由前面穿入活结，挑出挂在右针尖上的线圈，左针圈不要松掉。

②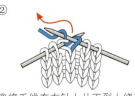

②将毛线在右针上从下到上绕1次，并带线，实际意义是又增加了1针，左针圈仍不要松掉。

③

③在这1个针圈中继续编织①1次。此时右针上形成了3个针圈。左针圈仍不要松掉。

④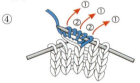

④仍在这1个针圈中继续编织②和①1次。此时右针上形成了5个针圈。然后此活结由左针滑脱。

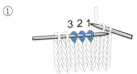 或  = 3针并为1针，又加成3针

①

①右针由前向后从第3、第2、第1针（3个针圈中）插入。

②

②将毛线在右针尖端从下往上绕过，并挑出挂在右针尖上的线圈，左针3个针圈不要松掉。

③

③将毛线在右针上从下到上再绕1次，并带紧线，实际意义是又增加了1针，左针圈仍不要松掉。

④

④继续在这3个针圈山编织①1次。此时右针上形成了3个针圈。然后这3个针圈才由左针滑脱。

 = 2针下针左上交叉，中间1针上针在下面

①

①先将第4、第5针从织物前面经过，再分别织好第4、第5针，再织第3针上针（在下面），最后将第2、第1针拉长从上针的前面经过，并分别织好第1和第2针。

②

②"2针下针左上交叉，中间1针上针在下面"完成。

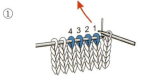 = 3针下针和1针下针左上交叉

①

①先将第1针拉长从织物后面经过第4、第3、第2针。

②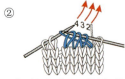

②分别织好第2、第3和第4针，再织第一针。"3针下针和1针下针左上交叉"完成。

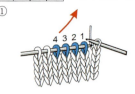 = 3针下针和1针下针右上交叉

①

①先将第4针拉长从织物后面经过第4、第3、第2针。

②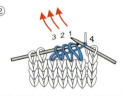

②先织第4针，再分别织好第1、第2和第3针。"3针下针和1针下针右上交叉"完成。

 = 3针下针右上交叉

①

①先将第4、第5、第6针从织物后面经过并分别织好它们，再将第1、第2、第3针从织物前面并织好第1、第2和第3针（在上面）。

②

②"3针下针右上交叉"完成。

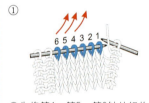 = 3针下针左上交叉

①

①先将第4、第5、第6针从织物前面经过并分别织好它们，再将第1、第2、第3针从织物后面经过并分别织好第1、第2和第3针（在下面）。

②

②"3针下针左上交叉"完成。

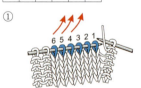 = 3针左上套交叉针

①

①先将第4、第5、第6针拉长并套过第1、第2、第3针。

②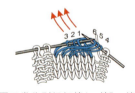

②再正常分别织好第4、第5、第6针和第1、第2、第3针"3针左上套交叉针"完成。

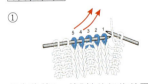 = 3针右上套交叉针

①

①先将第1、第2、第3针拉长并套过第4、第5、第6针。

②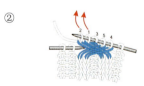

②再正常分别织好第4、第5、第6针和第1、第2、第3针"3针右上套交叉针"完成。

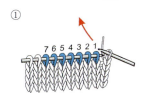 =6针下针和1针下针右上交叉

①

①先将第7针拉长从织物后面经过第6、第5……第1针。

②

②先织好第7针，再分别织好第1、第2……第6针。"6针下针和1针下针右上交叉"完成。

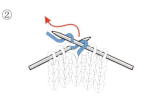 =5针小球

①

①将毛线放在织物外侧，右针尖端由前面穿入活结，挑出挂在右针尖上的线圈，左针圈不要松掉。

②

②将毛线在右针上从下到上绕1次，并带紧线，实际意义是又增加了1针，左针圈仍不要松掉。

③

③在这1个针圈中继续编织①1次。此时右针上形成了3个针圈。左针圈仍不要松掉。

④

④仍在这1个针圈中继续编织②和①1次。此时右针上形成了5个针圈。然后此活结由左针滑脱。

⑤

⑤将上一步形成的5个针圈针按虚箭头方向织3行下针。到第4行两侧各收1针，第5行下针第6行织"中上3针并为1针"。小球完成后进入正常的编织状态。

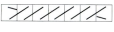 =6针下针和1针下针左上交叉

①

①先将第1针拉长从织物后面经过第6、第5……第1针。

②

②分别织好第2、第3……第7针，再织第1针。"6针下针和1针下针右上交叉"完成。

 =5针并为1针，又加成5针

①

①右针由前向后从第5、第4、第3、第2、第1针（5个针圈中）插入。

②

②将毛线在右针尖端从下往上绕过，并挑出挂在右针尖上的线圈，左针5个针圈不要松掉。

③

③将毛线在右针上从下到上绕1次，并带紧线，实际意义是又增加了1针，左针圈不要松掉。

④

④仍在这5个针圈中继续编织②和①各1次。此时右针上形成了5个针圈。然后这5个针圈由左针滑脱。

 =蝴蝶针

①②

①第1行将线置于正面，移动5针至右针上。
②第2行继续编织下针。

③

正面有三根浮线

③第3、第4、第5、第6行重复第1、第2行。到正面有3根浮线时织回到另一端。

④

④将第3针和前6行浮起的3根线一起编织下针。

9

柳叶纹休闲装

驼色的长款毛衣，
带来随性自然的休闲风。
衣服胸前和下摆的竖形花纹犹如柳条一般，
更添了一抹柔美。
翻领上的花样也别具一格，
不经意间流露出你的专属个性。

做法：**P208**

10

清新蝙蝠衫

浅浅的蓝色，

搭配素净的长裙，

你仿佛是空谷里的幽兰，

清新秀雅，

灵气逼人，

空气里全是你淡淡的芳香。

举止温柔，

笑容甜美，

你便是古诗里那窈窕淑女、

水旁伊人！

做法：**P**81~82

艳丽蝙蝠衫

玫红色的蝙蝠衫，
穿起来竟如此娇俏妩媚，
她的一颦一笑，
让人不禁沉醉。
不需要太多的修饰，
简单也能完美诠释蝙蝠衫的轻盈和灵动。

做法：**P**₈₂～₈₃

13

艳丽休闲衫

红色的休闲衫是如此艳丽抢眼，

再搭配黑色的打底吊带，

将时尚和性感完美演绎。

你灿若朝霞，

光芒四射，

在萧瑟的秋日里将热情尽情释放。

做法：**P**_{83 ~ 84}

休闲开衫

宽松而随意的休闲开衫，让周末变得轻松愉悦，
穿着它去秋游吧，享受飘逸洒脱带来的自由和浪漫。
而不同针法的四边形组合在一起，
更显得棱角分明、落落大方。

做法：P85~86

修身紫色大衣

对紫色的钟爱深入骨髓，
它可以优雅，
可以妩媚，
可以亲切，
可以神秘，
它总是让人欲罢不能，
那么，
就让它肆无忌惮地存在吧。
大衣穿起来很修身，
并不觉得臃肿，
密实的针脚看起来温暖极了。

扭花纹大衣

全身的麻花花样，
不仅带来视觉上的和谐美，
还可以使衣服穿上去很显瘦哦。
衣身上两个口袋是必不可少的部分，
既时尚又可有效避免单调。

做法：**P**_{89~90}

大翻领无袖装

无袖的款式显得简约流畅，
大翻领则增加了一种大气随意的感觉，
再搭配一顶大大的草编帽和一条腰带，
营造出自然而迷人的休闲风。
"你在桥上看风景，
看风景的人在楼上看你。"

做法：**P**₉₀

蓝莲花长毛衣

你似一朵蓝莲花，
在清澈高远的天空下，
自由不羁地生长，
圣洁而美丽。
花样编织的微敞的袖口和下摆，
让你在举手投足间散发灵动飘逸的美感，
似莲花摇曳于风中。

做法：**P**₉₁~₉₂

莲花长袖毛衣

两朵大大的莲花在深紫色的背景上盛放，
让人仿佛能够远远地闻到她的香气，
是那样的清雅宜人。
衣边和袖口白色线的编织，
为衣服增添了一抹亮色，
更显穿者优雅风致。

风情披肩

披肩，是一种品位的象征，
是一种时尚感的凝聚，
更是秋冬最具韵味的服饰，
让披肩带给你一种风格多变而又
风情万种的秋冬新体验。
披肩边角的小球像风铃一样
在风中起舞，
让你一举手一投足，
都洋溢着无限的风情。

做法:**P**93~94

做法:**P**92~93

温暖大披肩

披肩看起来厚实而温暖，
有很不错的实用效果。
上下边缘的小小花边，
在细节中体现着精致和用心。
披肩颜色较暗，
穿上显得大气端庄，
比较适合身段高挑、
肤色白皙的女子。

做法：**P**₉₄~₉₅

海之恋V领毛衣

并无似锦繁花，
亦无绚烂色彩，
简约的蓝白相间，
只为演绎大海的依恋。
看海天一色、
白浪滔滔，
忘却俗世的纷扰，
尽情享受这面朝大海的幸福。

做法：**P**96~97

25

做法：**P98～100**

优雅长裙

黑色的抹胸长裙，尽情地散发着优雅和妩媚，
让你成为宴会中卓然出众的性感女神。
裙角白色的线条花边，更添裙袂舞动时的妩媚动人。
若当半身长裙来穿，
则显出穿者端庄大方的风采。

性感长裙

抹胸长裙性感而妩媚，
散发出迷人的女性魅力。
你眼波流转，
顾盼生辉，
你莲步轻移，
摇曳生姿。
长裙下摆的褶皱和花边增加了裙子的垂感，
同时也带来百褶裙飘逸端庄的效果。

做法：**P**100~101

亮丽长款毛衣

人群中，你款款走来，
你的青春靓丽，夺人眼球，
你的优雅从容，让人艳羡。
宽腰带是必不可少的搭配单品，
小巧的手提包也有效提升了优雅指数。

做法：**P**101~102

28

清纯女生长裙

美丽而不张扬的玫红色，配上可爱的娃娃裙款式，

打造学院派女生清纯可人的风格，

腰间一根长长的系带更是将甜美散发到极致。

青春美好而仓促，留不住青春，

那我们就留下美丽的回忆吧！

做法：**P**_{102~103}

做法：$\text{P}_{102\sim103}$

灯笼袖长毛衣

清新而含蓄的颜色让人望而舒心，
胸前一根系带勾勒出胸线，
不经意间流露着妩媚，
灯笼式的袖子和下摆则又有着小女生的清纯可人。
你带着青草的甜香，
从清晨走来，
不沾俗尘，
清新娇美，
让人忘却一切烦恼忧愁。

做法:**P**103~104

清雅毛衣裙

衣服款式看起来并不复杂，但却是处处留心着意，

侧开口的衣领，收腰的三角形，

从上至下的麦穗儿，这些细节使衣服更加出众。

纯洁的白色衣裙，

穿出来清雅得如同一枝出水芙蓉，

亭亭玉立，淡雅宜人。

做法：**P**105~106

优雅长毛衣

经典的黑色，充满着神秘的美丽和优雅，
还有着很好的显瘦效果，
因此受到众多女性的青睐，
而黑色总是能不负所望，
将优雅和高贵完美演绎。
腰间一根宽腰带，
使整个人看起来更玲珑纤细，
微微敞开的袖口，
在行动间带来轻扬的妩媚。

做法：**P**106~109

紫韵长款毛衣

对紫色的迷恋不知从何时开始，
但心甘情愿让这迷恋延续一生，
它浪漫而不张扬，
温馨而不哗众取宠。
这或淡淡的、或浓郁的颜色。
好似深藏心底的那一抹温柔。
长毛衣看起来很厚实，
冬天穿起来一定很温暖，
可以配宽腰带外穿，
当打底毛衣也是不错的选择。

做法：**P**110~111

33

紫色短袖毛衣

简约宽松的款式，充满运动的活力，让你行动间自有一种健康的美感。

同时，紫色也不乏柔美，你安静温柔的一面当然也会很可爱。

你快步走过人群，殊不知，你利落潇洒的气场却在那儿久久停留。

做法：**P**112

时尚圆领毛衣

从上往下织的圆领毛衣，
新颖而时尚。
领口重叠翻卷的款式，
像叶子般将脖子衬得更修长更美丽。
袖口开衩钉扣的设计，
带来潇洒不羁的自由感。
衣服的花样并不复杂，
却在衣领和袖口用尽心思，
使衣服顿显与众不同。

做法:**P**113~115

清新无袖开衫

清新淡雅的藕荷色，
落落大方的无袖开衫款式，
衬出优雅从容的气质，
穿出怡然自得的潇洒。
不管是温柔文静的你，
还是洒脱不羁的你，
都隐隐散发着一种与众不同的魅力。

做法：**P**₍₁₁₅~₁₁₇₎

37

修身V领毛衣

各种花样交错，
让衣服看起来很精致，
细节中突显高品位的追求。
修身的款式，
将你的曲线完美勾勒，
窈窕而妩媚。
搭配短裤和休闲鸭舌帽，
看起来酷酷的，
充满健康活力。

做法：**P**117~118

圆领短袖衫

深邃的颜色，显得成熟而大方，
简洁不拖沓的款式，更衬得工作中的你精明而干练，
而毛线的质地，又让你不乏女性的温柔。
毛衣并不复杂，却能尽显气质，
如果你愿意，一定也可以为自己织出一件。

做法：**P**118~119

艳丽短袖衫

惊艳的红色，
美丽而热情，
让你在举手投足间，
风情万种。
镂空的菱形图案，
使得美丽若隐若现，
妩媚达人。
你安静时，
热情似火的红色也能变得温柔似水，
楚楚动人。

做法：**P**119~121

俏皮短袖衫

艳丽抢眼的玫红色，
如此鲜亮，
让人一眼看到就不会忘。
短袖衫搭配一条牛仔短裙，
显得活泼俏皮，
散发着青春的气息，
带给所有人愉悦的心情。

做法:**P**121~123

活力女生开衫

蓬勃向上的叶子花，
充满生命的活力，
宛如少女的青春，
生机勃勃，
有希望无限。
在绿意盎然的春日里，
就让这一身的绿衣服来尽情展现活力
与热情吧。

做法：**P**123~124

时尚连帽外套

这款衣服精在结构上，
充分运用了平面解析几何的知识，
既有线条的质感，
又有棉线的柔美。
简约大气而不失个性。

做法:**P**124~126

秋之恋时尚毛衣

爱在深秋，从秋的风韵中，觅到了收获的喜悦，秋天里硕果的颜色，
已经把大千世界装点得无比绚丽，最美是那红枫叶，
像一只只翩翩起舞的蝴蝶，
从秋风中衔出阵阵思念……
在恬淡和清雅中，放飞爱的心绪，
秋色浓了，爱更深了！

做法:**P**_{127~129}

活力短袖毛衣裙

绿绿的颜色，
仿佛是雨后的杨柳，
青翠欲滴、
秀雅可人。
系上一条宽腰带，
既可以调节单一色彩，
又能完美束腰，
修饰出迷人的曲线。

做
法：**P**129~132

叶子花无袖衫

叶子花一行行地排列，
如同孔雀的羽翼，
光彩照人。
青春的力量无人可以阻挡，
所有的美丽都只为锦上添花。

做法:**P**133

端庄两件套

深沉的海蓝色，
端庄而优雅，
简约的风格，
让你在不经意间，
散发出成熟女人的魅力。
不管是上班还是郊游，
这套衣服都是不错的选择。

做法: **P**133~134

波浪纹连衣裙

连绵起伏的波浪纹，性感而妖娆，
将女性的线条美展露无遗。
冰丝的材质看起来凉爽而有垂感，
让衣服更有一种水波粼粼的动态美。
女人对衣服有着近乎狂热的喜爱，
却不是每个女人都有能力满足购买欲望，
那么，不如自己动手吧，亲手创造属于自己的美丽。

做法：**P135**

休闲圆领毛衣

大方的灰色，
是永不过时的经典色，
可将优雅演绎，
也可轻松休闲、简洁随意。
不会太暗淡，
也不会太张扬，
在秋天里，
这灰色与万物完美融合。
亲近自然，让快乐无限蔓延。

做法：**P**135~136

简约休闲毛衣

衣服用全身统一的花样织成，
简约而自然。
连帽修身的款式，
让你穿起来轻松自在，
打造清爽宜人的休闲风。
不同的搭配可以穿出不同的感觉，
这款衣服也可以搭配出职业装干脆利落的效果哦。

做法：**P137**

休闲连帽短袖衫

连帽的短袖款，

带来运动的活力，

布满衣身的菱形图案棱角分明，

像你是非分明的个性，

胸围一圈横线穿过，

使衣服有点韩版的味道，

而且避免了始终如一的单调。

搭配一顶棒球帽，瞬间变身运动型美眉，

让你的青春更加飞扬。

做法：**P138**

休闲无袖大衣

休闲的连帽款式，
有着自由不羁的感觉，
抢眼的牛角扣，
夸张而洒脱，
你全身都散发着一种自由
和健康的气息。
再搭配一顶柔美的帽子，
洒脱中又融入了甜美的元素。

做法:**P139**

做法：**P**₁₄₀~₁₄₃

横织蝙蝠衫

这款蝙蝠衫又可称为洞洞衣，个性十足而又时尚性感。

因为独特，便有了别样的风情，若隐若现地散发着女性的魅力。

不求用夸张来吸引众人眼球，只是用自己的智慧，在茫茫人海里，做独一无二的自己。

提花毛衣

衣服的手工非常精细，
针脚平整，
颜色过渡也很和谐自然，
衣摆一圈雪花图案反衬出
一种寒风中的温暖感觉。
袖口和衣边用红色和灰色
线编织条纹或方格，
有效调节了衣服颜色的单调，
避免沉闷。

做法 : **P**144~145

秀雅羊绒衫

青翠温暖的颜色，简约质朴的款式，
穿出小家碧玉般的端庄秀雅。
你甜甜一笑，引得众生倾倒。

做法 : **P**145~146

优雅中袖大衣

整件大衣大气中不乏娟秀，端庄中不失妩媚。
细节设计，也处处用心，非常精致。
衣服后片的下垂设计，极富立体感，
养眼而飘逸。仿佛温柔的大家闺秀，
宁静婉约，清新优雅，
带给人纯净温暖的感觉。

做法：**P146~148**

紫荆花开蝙蝠衫

在灰色和粉色和谐地搭配中，
紫荆花优雅娇美地盛放，
给人带来安静美好的心情，蝙蝠衫宽松的款式，
让人更觉轻松舒适。
衣服的线条全是柔美的曲线，
朵朵花儿在这柔美中飘落，空气中满是浪漫温馨的味道。

做法：**P**148~149

双螺纹风情外套

流畅的线条，独特的设计和华丽的时尚感，
如此个性的一款美衣，让人一见钟情。
喇叭袖和随意的褶皱边门襟，灵动而潇洒，
让穿者在举手投足间风情万种。
编织者得用怎样的热情和耐心，
才能织就这独特的美衣？
也许只因心中有爱，所以一切都变得简单。

做法：P149~151

羊绒V领秋装

刚刚换下厚重的冬装，
就让这款轻软的羊绒衫伴你走过一段春日的路吧，
春暖花开，
心情也会随着阳光飞扬。
这鲜亮的红色，
将是春天里明艳的花。

做法：**P**152~153

紫色小外套

小巧的紫色外套，搭配棒球帽，
宜静宜动，
静则若处了，
动则如脱兔。
袖口和下摆微微的喇叭状，
使胳膊和腰身看起来更纤细。

做法：**P**$_{153~154}$

裙式大衣

大衣用不同的针法变换织出上紧下宽的
裙子效果，
既有大衣的温暖大气，
又有裙子的优雅端庄。
毛领的加入，避免了下重上轻的感觉，
使大衣在视觉效果上更和谐。
明亮的宝蓝色，是那样纯净，那样明丽，
让人看一眼便再难忘怀。

做法：**P**$_{154~155}$

个性大披肩

你从哪里来?

这特立独行、光芒四射的女子,

带着异域的冷艳,

带着绝俗的神秘,

走过喧嚣，走过繁华,

让尘世的一切都黯然失色。

在人群中一眼看见你,

就此沉迷,

无法自拔。

做法：**P**155~157

裙式短袖毛衣

宽松的长款，显得端庄而大气，交错排列的花样，
精致而优雅，宽宽的罗纹下摆，飘逸而有垂感。
搭配一顶什闲风十足的宽檐草编帽，
将你的大气和洒脱表现得淋漓尽致，
束腰的宽腰带则更增一份优雅气质。

做法: **P**157~160

钩织结合短袖衫

依然是叶子花，
却有不同的风味，
袖口和衣摆的扇形钩花显得轻盈而凉爽，
而且使衣服看起来有层次感和变化感。
带着春天般的心情去郊游，
身上的那抹绿与青草树叶再也分不清。

做法：**P**160~161

休闲短袖衫

青青的颜色仿佛是伴着
带有青草香味的微风拂过，
胸前流畅的花样引领视觉中心，
简单而随意，清雅脱俗得让人沉醉。
穿上这样青翠的短袖衫，
仿佛空气都是凉凉的。

做法：**P**162~163

冷艳圆领羊绒衣

天蓝色带来天空明净高远的感觉，
搭配一条短裤、
一顶棒球帽，
显得活力而干练，
羊绒的温暖让观者心里也暖暖的。
然而，
你一个高傲不羁的眼神，
顿显冷艳不可侵犯。
女人如此多变，
难以捉摸。
艳若桃李，
冷若冰霜，
让人欲罢不能。

做法：**P**₁₆₃~₁₆₄

叶子花羊绒衫

从上往下织的叶子花在领口蔓延，
在天蓝色的背景里争相盛放，
这是一幅来自自然的美丽画卷。
世界如此美丽，
万物各自快乐，
我们何不将这美丽和快乐复制，
让我们的生活充满创意和惊喜。

做法：**P**₁₆₄~₁₆₅

修身毛衣裙

灰色，
彰显沉静而优雅的气质，
修身毛衣裙，
将女性的修长和柔美
展露无疑，所以，
这款灰色毛衣裙会有
很好的上身效果哦。
领口的梯形图案又让衣服
富于变化，
仿佛是浑然天成的项链装饰。

做法：P165~166

风车花短袖衫

风车花随风轻扬，
一路旋转，
一路看风景变换，
每一个角度都能发现不同的美，
每一段旅程都将成为美妙的记忆。
风车花橙色的花心，
美丽而惹眼，
亦可调节色彩，
避免单一。

做法:**P**167~168

温暖长袖毛衣

羊绒本就让人觉得温暖，
橙色更使得这种温暖升级，
仿佛能在衣服上闻到阳光的味道，
空气里都弥漫着懒懒的温暖。
橙色的活泼，配上款式的端庄，
让你可以俏皮，
也可以温柔。

做法：**P**_{168~169}

可爱小披肩

密布在衣服上的小线球，带来一种繁花似锦的感觉，而这"繁花"，
是田野里那星星点点、雅致小巧的小小花朵，自由且生机勃勃。
小翻领和略微敞开的下摆，随意而不张扬，小巧而可爱。

做法：**P**₁₇₀

清新短袖衫

简约的短袖，
是比较百搭的款式，
交叉的V领是这件衣服的一个小亮点，
袖口和下摆的花样增添了变化感和飘逸美。
晨风中，
你缓缓走来，
带着栀子的杏甜，
清新得让人迷醉。

做法：**P**171~173

休闲蝙蝠衫

宽大的衣身，
穿起来一定很自由，
又因为比较宽松和随意，
而带有了一种大牌范儿，
让你紧跟流行的步伐。
衣服穿起来大气而潇洒，
喜欢自由和随意风格的美眉不妨一试。

做法：**P**₁₇₄～₁₇₈

70

简约段染披肩

简约的披肩，
配上段染，
显得大气端庄。
衣摆的一圈辫子将柔美和大气完美融合，
更显得披肩独特出众。
你带着兰花的清香，
穿行于人群中，
留下一股清新的风，
让人回味。

做法：**P179**

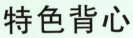

特色背心

背心前面各色线条交叉结合的款式,
有种竹篾编织物的感觉,
极具特色,
让人过目难忘,
而且穿起来小巧玲珑、
秀气可爱。
这款背心也可做露肩装穿
自有另一番妩媚风情。

做法:**P**_{180~182}

可爱无袖装

玲珑的款式，衬得人愈加小巧可爱，
钩织的衣领和花边，
有利精致的美丽，
隐隐散发着少女清秀可爱的气质，含蓄而绵长。
搭配一项针织帽，更显得乖巧可人。

做法：**P**182~183

优雅两件套

两件套整体显得端庄大方，
淡淡的粉色虽略显柔美娇嫩，
但在外套大气的款式和整齐的花纹中，
也能散发出成熟稳重的气质。
单穿吊带衫则另有一番甜美、
纯情的味道。

做法：**P**184~187

秀雅对襟小外套

线条感极强的一款衣服,
层次分明而又和谐缠绕,
规则散布的小球秀气可爱,
增添了衣服的活泼感和动态美。
小巧的外套,
搭配牛仔短裙,
打扮出柔情似水又娇俏可人的邻家女孩。

做法:P188~191

75

连帽长毛衣

这款加长版毛衣比较适合身材修长的美眉穿着，修身的款式会让你看起来更加窈窕修长。
连帽而贴身的样式，让毛衣有着运动休闲的味道，
穿着它去秋游去逛街都是不错的选择。

做法：**P**192~194

休闲长毛衣

深色的长款毛衣，
穿起来如此纤细修长。
前片的两条花纹像是悠游在水底的水草，
温柔缠绵。
毛衣整体简洁而温暖，
穿出自然洒脱的休闲风。

做法：**P**194~195

螺旋花长裙

绚丽的螺旋花长裙，
让人几乎要沉溺于色彩的漩涡中。
裙角在风中飞扬，
你的每一步都是那么的美丽抢眼。
裙子永远是女人的大爱，
亲手为自己编织一条长裙，
看着美丽在手中蔓延，
将会有怎样的欣喜和感动！

做法：**P**195~197

两用式披肩

很有创意的一款披肩，既可以作披肩，又可以作半身裙。

作披肩时，扣上白色的钩织衣领，会显得更加柔美，

作半身裙时，则可将衣领解下。

披肩下摆的三角形花边有种细碎的美感，

每个角上结的小珠粒则使下摆更有垂感。

做法：**P**_{197~199}

另类外套

衣服的特别之处不在于花形的繁复，

而是结构的出新，简约而大气，个性而时尚，

一切的创新出乎意料之外，却并非离经叛道而失去根基。

从衣服上总是能看到几何的影子，

作者将自己的所学融入到编织中，

总是带给我们耳目一新的视觉冲击。

做法：**P**_{199~202}

优雅短袖衫

浅浅的紫色、大方的款式，
散发出超凡脱俗的优雅和美丽。
衣襟和门襟边整齐的花纹，
让衣服显得更加端庄大气。

扭花纹毛衣

用细小的扭花纹编织衣袖、下摆和领口，
使衣服整体显得和谐而简洁。
偏暗的色调，散发着一种含蓄和安静的美感。
搭配一顶休闲草编帽和一条妩媚长裙，
让你在秋日里将温暖和时尚完美融合。

做法：**P**₂₀₃~₂₀₄

做法：**P**₂₀₄~₂₀₅

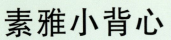

素雅小背心

柔美的色调，
简约流畅的款式，
似绽放在晨光里的花朵，
清新脱俗、素雅可爱。
搭配短裤，
显得青春活力，
再配上一顶遮阳帽，
打造夏日清凉的休闲风。

做法：**P**205～206

做法：**P**206～207

经典短袖衫

黑白灰三色的搭配，演绎复古的经典，
我们仿佛看到电影里的老上海，那些妩媚妖娆的女子，
穿着白色男装，潇洒而自信。
特别是搭配那顶白色黑边帽子，更觉帅气和经典。
略显硬朗的线条，穿出俏皮和个性，
而毛线的质地则又增添了几分柔美感。

清新蝙蝠衫

制作说明：

1. 毛衣从领口环形往下织。起头164针，分成4份，每份41针，第1、第2行编织下针，第3行，1针下针，加1针，39针下针，加1针，1针下针，共4次。第4行，1针下针，加1针，37针下针，加1针，1针下针，共4次。每份两边的加针顺序为3-1-1，1-1-13，2-1-37。

2. 第5行开始在每份中间排花样A3个，每花12针，共8行，花样A共编织6排，随着行数、针数的增加，花样A向两边扩，详细图图1编织图解。织至44行花样A编织结束，每份针数为92针。

3. 第45行开始每份编织除两边第2针仍为2行加1针外，其余针数编织下针。

4. 编织至90行时，每份针数为143针，前后衣摆边各留104针，衣袖各留42针，其余针数前后对准合并。

5. 袖口织单罗纹4cm，22行。下摆编织单罗纹15cm，82行。

6. 用11号棒针沿领窝处挑出164针织领边，编织单罗纹针法。对应身片中心处的两边，每行2针并1针，共编织12行，收针断线。

【成品规格】衣长64cm，胸围88cm，袖长40cm

【工　　具】11号棒针，11号环形针，13号棒针

【编织密度】下针：22针 2 5行=10cm²
　　　　　　单罗纹：52针 5 5行=10cm²

【材　　料】细羊绒线800g

符号说明：

□　上针

□=☐　下针

◎　镂空针

☒　左上2针 并1针

☒　右上2针 并1针

2-1-3　行-针-次

花样A

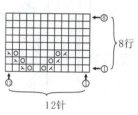

8行

12针

每份花样A编织图解

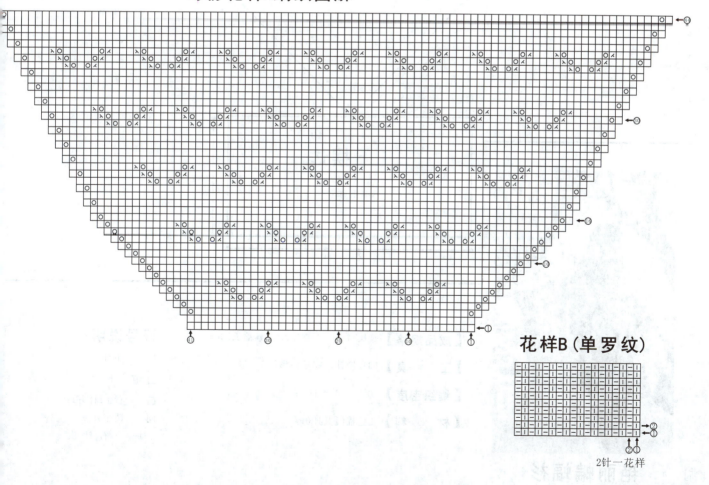

花样B（单罗纹）

2针一花样

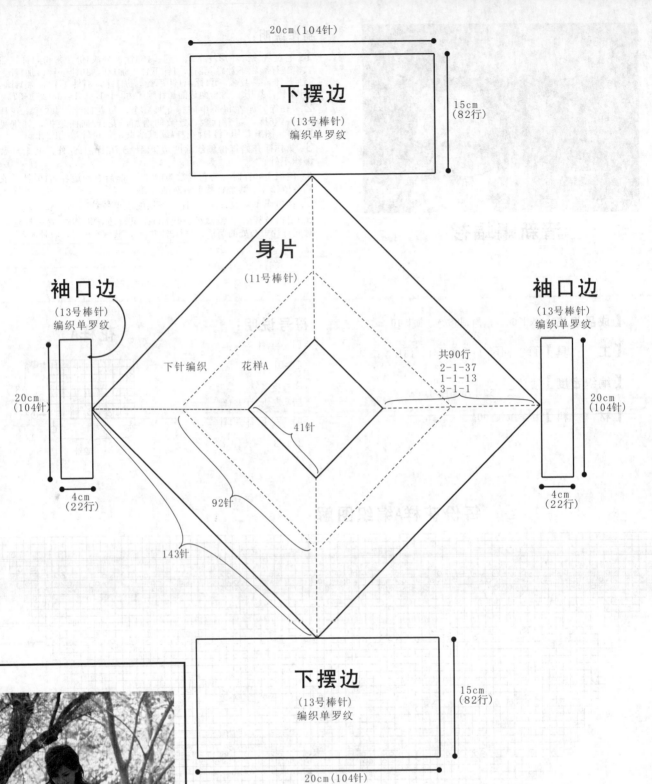

下摆边

(13号棒针)
编织单罗纹

20cm(104针)

15cm
(82行)

身片

(11号棒针)

袖口边

(13号棒针)
编织单罗纹

下针编织　花样A

共90行
2-1-37
1-1-13
3-1-1

41针

92针

143针

20cm
(104针)

4cm
(22行)

袖口边

(13号棒针)
编织单罗纹

20cm
(104针)

4cm
(22行)

下摆边

(13号棒针)
编织单罗纹

15cm
(82行)

20cm(104针)

艳丽蝙蝠衫

【成品规格】衣长54cm，下摆宽28cm，袖长12cm

【工　　具】13号棒针，13号环形针

【编织密度】30针 40行=10cm²

【材　　料】红色棉线共450g

符号说明：

▫　上针

□=▫　下针

⊠　右上2针并1针

⊡　镂空针

2-1-3　行-针-次

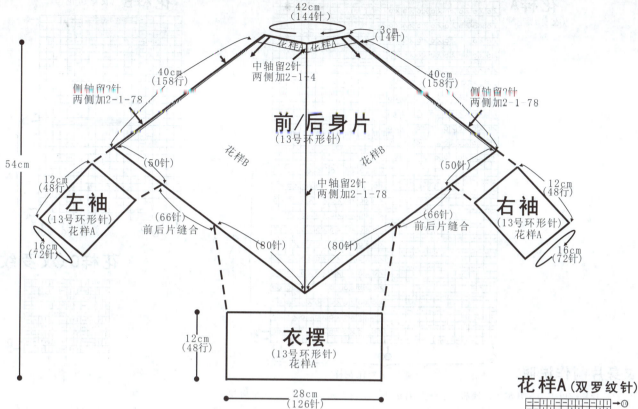

前/后身片
（13号环形针）

42cm
（144针）

3cm
（14针）

40cm
（158行）

40cm
（158行）

化样A 化样A

中轴留2针
两侧加2-1-4

侧轴留2针
两侧加2-1-78

侧轴留2针
两侧加2-1-78

54cm

（50针）

（50针）

花样B

花样B

12cm
（48行）

12cm
（48行）

左袖
（13号环形针）
花样A

右袖
（13号环形针）
花样A

中轴留2针
两侧加2-1-78

16cm
（72针）

16cm
（72针）

（66针）
前后片缝合

（66针）
前后片缝合

（80针）

（80针）

12cm
（48行）

衣摆
（13号环形针）
花样A

28cm
（126针）

花样A（双罗纹针）

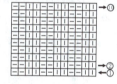

花样B（全下针）

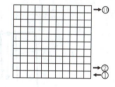

制作说明：

1. 棒针编织法。衣服由一片环形编织完成，从衣领往下织，织片较大，可采用环形针编织。起织，双罗纹针起针法，起144针，圈织花样A双罗纹针，将织片分出前后中轴，各取2针下针，左右分配的针数相同，共织4行，第5行起，一边织一边在中轴的两侧加针，方法为2-1-4，共织12行，织片加为160针，第13行织下针，第14行织上针，第15行起，并开始编织衣身。

2. 衣身编织。花样B全下针，前/后身片同时圈织，将织片分为四等份，用别针标记出织片的前后中轴及左左侧轴，各为2针，从第15行起开始在每条中心轴的两侧镂空加针，方法为2-1-78，共织158行，织片织成784针，将织片分出衣摆及衣袖针数，以中轴为衣服中心，前后片两侧各分配80针，共320针作为衣摆，左侧轴的两侧各分配50针作为左袖，将前后片余下的66针对应缝合。同样方法，右侧轴的两侧各分配50针作为右袖，将前后片余下的66针对应缝合。

3. 分配衣摆的针数到棒针上，第1行起将针数均匀减针成126针，然后不加减针编织花样A，织12cm的高度后，收针断线。

4. 分配左袖的针数到棒针上，第1行起将针数均匀减针成72针，然后不加减针编织花样A，织12cm的高度后，收针断线，相同的方法编织右袖。

艳丽休闲衫

【**成品规格**】衣长73cm，下摆宽46cm

【**工　　具**】9号棒针

【**编织密度**】21针３2.9行=10cm²

【**材　　料**】红色粗羊毛线共300g

符号说明：

□	上针
□=□	下针
▨	右上4针与左下4针交叉
◹	左上2针并1针
◎	镂空针
2-1-3	行-针-次

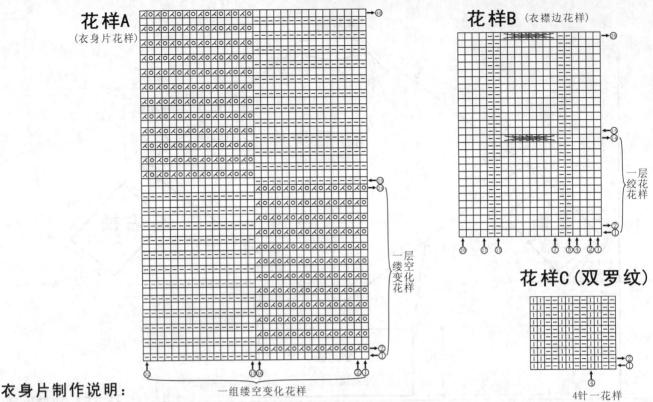

花样A
（衣身片花样）

花样B（衣襟边花样）

一层绞花花样

一组缕空变化花样

一层空化花样
一缕空变化花样

花样C（双罗纹）

4针一花样

衣身片制作说明：

1．衣身片袖部以下为一片编织，袖部以上分为3片编织，从衣摆起织，往上编织至肩部。

2．衣身片用9号棒针起216针起织，按花样A缕空变化花样编织，共编织6组半缕空变化花样，并加衣襟边各4针下针，往上编织，编织完24行，完成一层缕空变化花样，再往上织时将16针搓衣板针与16针缕空花样交错编织，往上一直按交错编织，见花样A图解，编织至96行，第97行衣襟边各20针按花样B绞花花样编织，一直往上织。

3．衣身片编织至166行时，开始袖窿减针，并开始按图示分3片编织，先编织左、右衣片，袖窿减针方法顺序为1-3-1，2-2-2，2-1-1，袖窿减少针数为8针，减针后，不加减针往上编织至73cm，即240行，衣襟边加旁边的8针继续往上编织30行高度后，收针断线，剩下的24针收针断线，最后编织后衣片，后衣片袖窿减针与前身片同，往上不加减针编织至234行时，开始后衣领减针，中间预留26针不织，可以收针，亦可以留作编织衣领连接，可用防解剔针锁住，减针方法顺序为2-2-1，2-1-1，最后两侧余下24针，织至240行，收针断线，详细编织花样见花样A及花样B。

4．将两肩部对应缝合，左、右衣襟多编出的30行部分与后衣领对称缝合，最后左右衣襟边缝合。

5．沿着袖窿边挑针起织，挑出的针数，要比袖窿边的针数稍多些，然后按花样C（双罗纹针）起织，编织8行后，收针断线。

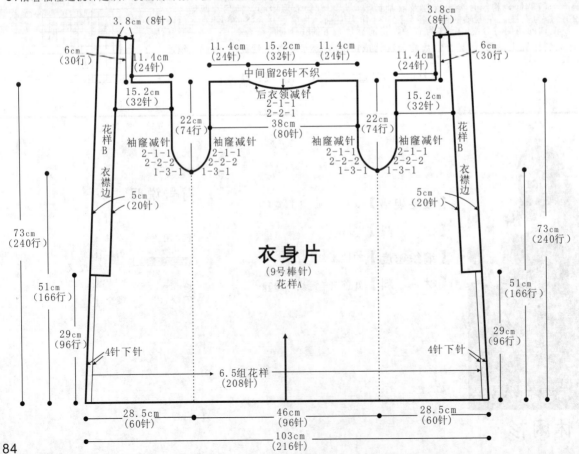

休闲开衫

【成品规格】 衣长73cm，下摆宽57.6cm

【工　　具】 10号环形针、10号棒针

【编织密度】 19针 28行=10cm²

【材　　料】 原白色棉绒线450g

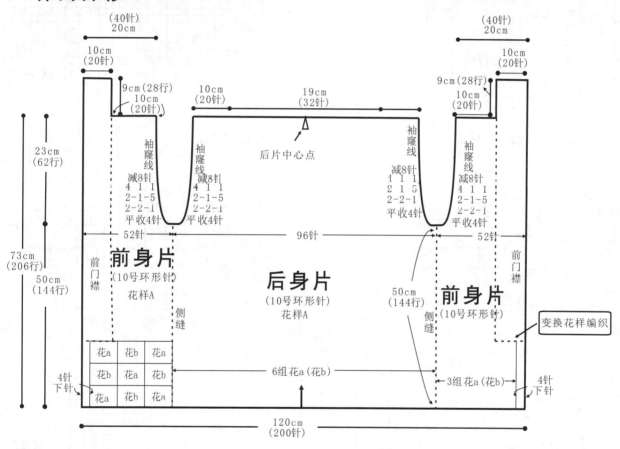

(40针)
20cm

(40针)
20cm

10cm
(20针)

10cm
(20针)

9cm(28行)
10cm
(20针)

10cm
(20针)

10cm
(20针)

19cm
(32针)

9cm(28行)
10cm
(20针)

23cm
(62行)

袖窿线

袖窿线

后片中心点

袖窿线

袖窿线

减8针
4 1 1
2-1-5
2-2-1
平收4针

减8针
4 1 1
2-1-5
2-2-1
平收4针

4 1 1
2 1 5
2-2-1
平收4针

减8针
4 1 1
2-1-5
2-2-1
平收4针

73cm
(206行)

50cm
(144行)

52针

96针

52针

前门襟

前身片
(10号环形针)
花样A

后身片
(10号环形针)
花样A

50cm
(144行)

前身片
(10号环形针)

前门襟

侧缝

侧缝

变换花样编织

花a	花b	花a
花b	花a	花b
花a	花b	花a

4针
下针

6组花a(花b)

3组花a(花b)

4针
下针

120cm
(200针)

身片制作说明：

1. 身片为一片编织，从衣摆起织，往上编织至肩部。

2. 用环形针起织200针编织身片，按花样A编织，两前门襟花样外侧各织4针下针，编织144行后，在侧缝隙位置平收8针，分出前、后身片位置，并开始一侧袖窿减针，减针方法顺序为2-2-1、2-1-5、4-1-1，共减8针，同样方法完成其余袖窿的减针，前片最后余下40针，后片最后余72针，不加减针编织至肩部，共织至73cm，共206行，详细编织见花样A前后片图解。

3. 完成后，将两前身片的肩部与后片的肩部对应缝合，余出变换的麻花针不与后片缝合，缝合后分别继续编织两前片的麻花针，编织到后片中心点处再将两麻花针对接缝合，沿后领与缝合后的麻花针缝实。

4. 沿袖窿挑织袖窿边，挑104针，编织8行的高度，编织花样见花样B袖窿边图解。

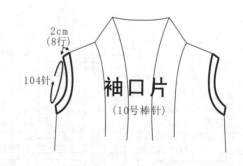

2cm
(8行)

104针

袖口片
(10号棒针)

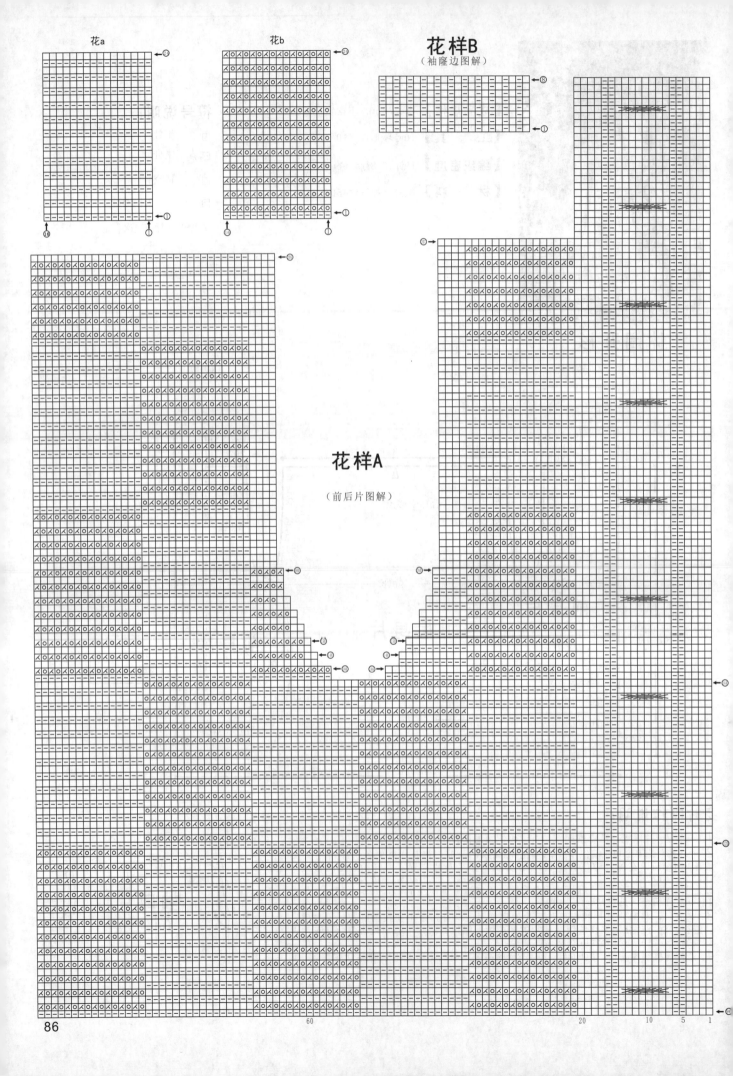

花a

花b

花样B
（袖窿边图解）

花样A

（前后片图解）

【成品规格】 衣长84.7cm，下摆宽42cm，袖长53cm

【工　　具】 8号棒针　9号棒针

【编织密度】 24.3针↑9.5行=10cm²

【材　　料】 棕色粗羊毛线共1000g，扣子5枚

修身紫色大衣

后片

11cm (26针)　17cm (40针)　11cm (26针)

中间留34针不织
后衣领减针
2-1-1
2-2-1

袖隆线
减7针
2-1-1
2-2-1
1-4-1

后片
（9号棒针）
花样A

加6针
花样C
（双罗纹针）
（8号棒针）
38.3cm (100针)

42cm (106针)

25cm (48行)
84.7cm (162行)
60cm (114行)
13cm (22行)

前片

11cm (26针)　17cm (40针)　11cm (26针)

减17针
2-1-2
2-2-4
2-3-1
1-4-1

袖隆线
10cm (17行)

袖隆线
减7针
2-1-1
2-2-1
1-4-1

侧缝
花样B
花样C
衣襟边
花样C
衣襟边
花样C
花样B
侧缝

前片
（9号棒针）

37行
口袋22针
11行
上针6针
44针

口袋22针
11行
上针6针
44针
37行

花样C（双罗纹针）（8号棒针）
花样C（双罗纹针）（8号棒针）

20cm (48针)　4.5cm (12行)　4.5cm (12行)　20cm (48针)
13.5cm (50针)　13.5cm (50针)
42cm (104针)

25cm (48行)
85cm (162行)
60cm (114行)
13cm (22行)

8号棒针

后身片制作说明：

1．后身片为一片编织，从衣摆起织，往上编织至肩部。

2．衣服先编织后身片，用8号棒针起100针按花样C（双罗纹针）编织，编织13cm高度，即22行后，从23行起用9号棒针按花样A绞花变化花样往上编织，尽量使花样2针下针与下摆双罗纹针对应，比如花样A中9针绞花花样，可以将8针双罗纹针加1针为9针绞花花样，34行为一层花样，往上重复按花样A编织花样，编织至114行时，开始袖隆减针，方法顺序为1-4-1，2-2-1，2-1-1，后身片的袖隆减少针数为7针，减针后，不加减针往上编织至156行后，从织片的中间留34针不织，亦可以留作别的编织衣领连接，可用防别解针锁住，两侧余下的针数，衣领侧减针，方法为2-2-1，2-1-1，最后两侧的针数余下26针。收针断线。详细编织花样见花样A。

前身片制作说明：

1．前身片分为两片编织，左身片和右身片各一片，花样相同。

2．先编织左身片。起织与后身片相同，前身片起48针后，按后身片的方法往上编织13cm高度，即22行后，从23行起用9号棒针，如图所示，左边6针为上针，右边按花样B绞花变化花样，往上编织，尽量使花样2针下针与下摆双罗纹针对应，比如花样A中9针绞花花样，可以将8针双罗纹针加1针为9针绞花花样，34行为一层花样，往上重复按花样B编织花样，编织11行后，开始编织口袋，口袋的位置为花样B中间图案绞花花样的22针，第34行编织至中间绞花花样的地方时，织1针加1针，反过来织下一行时，加的针全部织上针，其余的针还是按花样B图解编织，口袋往上编织29行后，正　部分按花样C（双罗纹针）往上编织8行，收针断线，而里　织上针的部分按花样B的中间绞花花样继续正　部分编织，编织至114行时，开始袖隆减针，方法顺序为1-4-1，2-2-1，2-1-1，前身片的袖隆减少针数为7针，减针后，不加减针往上编织至145行后，开始衣领减针，减针方法顺序为1-4-1，2-3-1，2-2-4，2-1-2，最后余下26针，织至85cm，共162行。详细编织图解见花样B。

3．同样的方法再编织另一前身片，完成后，将两前身片的侧缝与后身片的侧缝对应缝合，再将两肩部对应缝合。

4．沿着左、右前身片边挑针起织衣襟边，挑出的针数，要比沿边的针数稍多些，然后按照花样C（双罗纹针）的花样，起织，共编织12行后，收针断线。最后在一侧前身片钉上扣子，不钉扣子的一侧，要制作相应数目的扣眼。扣眼的编织方法为．在当前收起数针，在下一行重起这些针数，这些针数两侧正常编织。

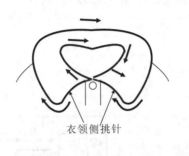

减29针
1-2-3
2-2-8
3-1-4
17.5cm 1-3-1
(34行)

余12针

减29针
1-2-3
2-2-8
3-1-4
1-3-1

28cm
(70针)

衣袖片
(9号棒针)

上针　花样A　上针

35.5cm
(74行)

53cm
(108行)

加4-1-11　侧缝

侧缝　加4-1-11

向上织

8cm
(20行)

花样c
(8号棒针)

14cm
(48针)

衣袖片制作说明：

1．两片衣袖片，分别单独编织。

2．从袖口起织，用8号棒针起48针编织双罗纹针，花样见花样C，不加减针织20行后，换9号棒针往上编织，袖片中间按花样A编织，其余两边全部编织上针，两侧同时加针编织，加针方法为4-1-11，加至70行，然后不加减针织至68行。

3．袖山的编织。从第一行起要减针编织，两侧同时减针，减针方法如图：依次1-3-1，3-1-4，2-2-8，1-2-3。最后余下12针。直接收针后断线。

4．同样的方法再编织另一衣袖片。

5．将两袖片的袖山与衣身的袖窿线边对应缝合，再缝合袖片的侧缝。

衣领侧挑针

衣领制作说明：

1．一片编织完成。衣领是在前后身片缝合好后的前提下起的。

2．沿着衣领边挑针起织，挑出的针数，要比衣领沿边的针数稍多些，然后按照花样C（双罗纹针）的花样，起织，共编织13cm的高度，即34行后，沿图示衣领侧挑针部位挑针（注意与衣襟部位连接），并与其余衣领针一起往返编织，编织4行双罗纹针后，收针断线。

花样A
(后身片花样)

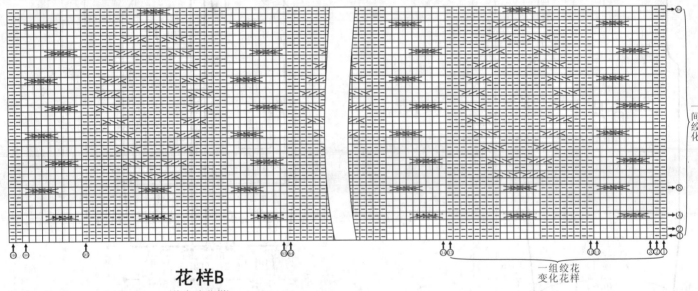

一层间图绞花化花

一组绞花
变化花样

花样B
(前身片花样)

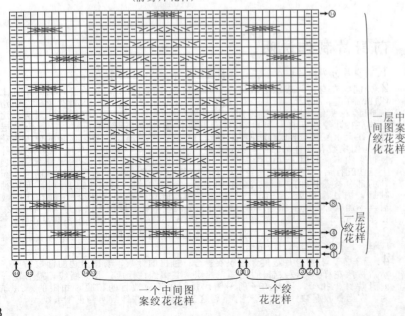

一层中间图案绞花变化花样

一层绞花花样

一个中间图案绞花花样

一个绞花花样

花样C（双罗纹）

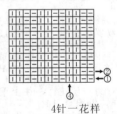

4针一花样

扭花纹大衣

【成品规格】衣长77cm，下摆宽42cm，袖长62cm
【工　　具】9号棒针
【编织密度】29针　25.3行=10cm²
【材　　料】红色粗羊毛线共1000g，扣子5枚

符号说明：

符号	说明
□	上针
□=□	下针
	右上3针与左下3针交叉
2-1-3	行-针-次

衣身片制作说明：

1. 衣身片袖部以下为一片编织，袖部以上分为3片编织，从衣摆起织，往上编织至肩部。

2. 衣身片用9号棒针起234针，按花样C（单罗纹针）起织，编织4行，第5行开始按花样A绞花花样编织19组花，均匀分布花样，左、右身片花样左右对称分布。往上编织至36行时，开始编织口袋，口袋的位置为从衣襟边数起第15针开始10cm宽（即第2、3组绞花花样共26针），编织方法为织1针加1针，反过来织下一行时，将口袋的26针用一短的棒针分出来另外编织，编织方法都按下　部分一样编织，口袋部分往上编织往上按花样B（双罗纹针）编织10行，收针断线，将另外两边用缝针缝在衣服上，就形成了口袋。

3. 衣身片编织至130行时，开始袖窿减针，并开始按图示分3片编织，先编织左、右身片，袖窿减针方法顺序为1-6-1，2-3-1，2-2-2，2-1-1，袖窿减少针数为14针，减针后，不加针往上编织至195行，余下肩部的针数28针，收针断线，后身片袖窿减针与前身片一样，不加减针编织至189行时，开始后衣领减针，中间预留32针不织，可以收针，亦可以留作编织衣领连接，可用防解别针锁住，减针方法顺序为2-2-1，2-1-1，最后两侧余下28针，织至195行，收针断线，详细编织花样见花样A。

4. 衣襟边的编织方法见帽子制作说明(因为衣襟边同帽边一起编织)。

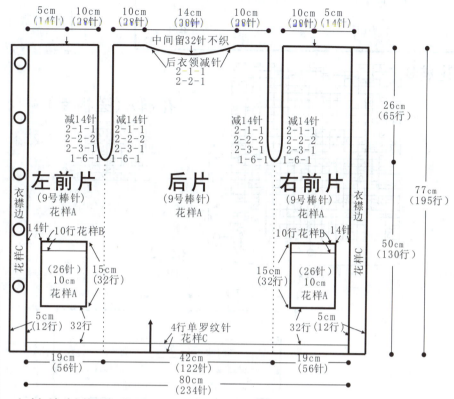

中间留32针不织
后衣领减针
2-1-1
2-2-1

5cm（14针） 10cm（29针） 10cm（29针） 14cm（38针） 10cm（29针） 10cm（29针） 5cm（14针）

减14针
2-1-1
2-2-2
2-3-1
1-6-1

左前片（9号棒针）花样A
后片（9号棒针）花样A
右前片（9号棒针）花样A

衣襟边 花样C

14针 10行花样B

（26针）10cm 15cm（32行）花样A

15cm（32行） 10行花样B 14针

（26针）10cm 花样A

26cm（65行）
77cm（195行）
50cm（130行）

5cm（12行） 32行
4行单罗纹针 花样C
32行 5cm（12行）

19cm（56针） 42cm（122针） 19cm（56针）
80cm（234针）

衣袖片制作说明：

1. 两片衣袖片，分别单独编织。

2. 从袖口起织，用9号棒针起60针编织4行单罗纹针，花样见花样C，第5行开始按花样A编织绞花花样，两侧同时加针编织，加针方法为17-1-6，加至106行，然后不加减针织至108行。

3. 袖山的编织。从第一行起要减针编织，两侧同时减针，减针方法如图：依次1-3-1，2-1-23，1-2-2，最后余下12针，直接收针后断线。

4. 同样的方法再编织另一衣袖片。

5. 将两袖片的袖山与衣身的袖窿线边对应缝合，再缝合袖片的侧缝。

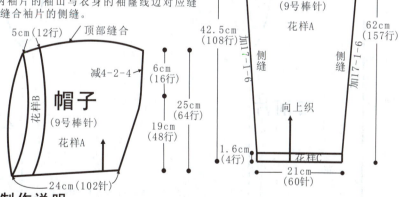

减30针
1-2-2
2-1-23
1-3-1

余12针

减30针
1-2-2
2-1-23
1-3-1

19.5cm（49行）
25cm（72针）

衣袖片（9号棒针）花样A

42.5cm（108行） 加17-1-6
62cm（157行）

侧缝 向上织 侧缝

1.6cm（4行） 花样C
21cm（60针）

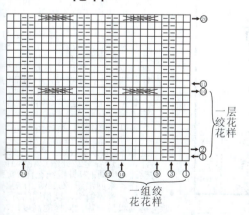

5cm（12行） 顶部缝合
减4-2-4
6cm（16行）

花样B

帽子（9号棒针）花样A

25cm（64行）
19cm（48行）

24cm（102针）

帽子制作说明：

1. 帽子是在前后身片缝合好后的前提下起编的。

2. 前领片预留的针数花样不变，不加减针编织，沿后衣领边挑46针起织，帽子共102针按花样A往上编织，花样均匀分布，编织19cm的高度，即48行后，往上开始减针编织，减针部位为帽子正中间，减针方法为4-2-4，编织至25cm，即64行后，收针断线。

3. 按图示部位用缝针将顶部缝合。

4. 帽子边与衣襟边一起编织，沿着帽子边及衣襟边挑针起织，挑出的针数，要比帽子边及衣襟边的针数稍多些，然后按花样B（双罗纹针）起织，编织12行，收针断线，最后在一侧前身片钉上扣子，不钉扣子的一侧，要制作相应数目的扣眼。扣眼的编织方法为：在当前收起数针，在下一行重起这些针数，这些针数两侧正常编织。

花样A

一层绞花花样

一组绞花花样

花样B（双罗纹）　花样C（单罗纹）

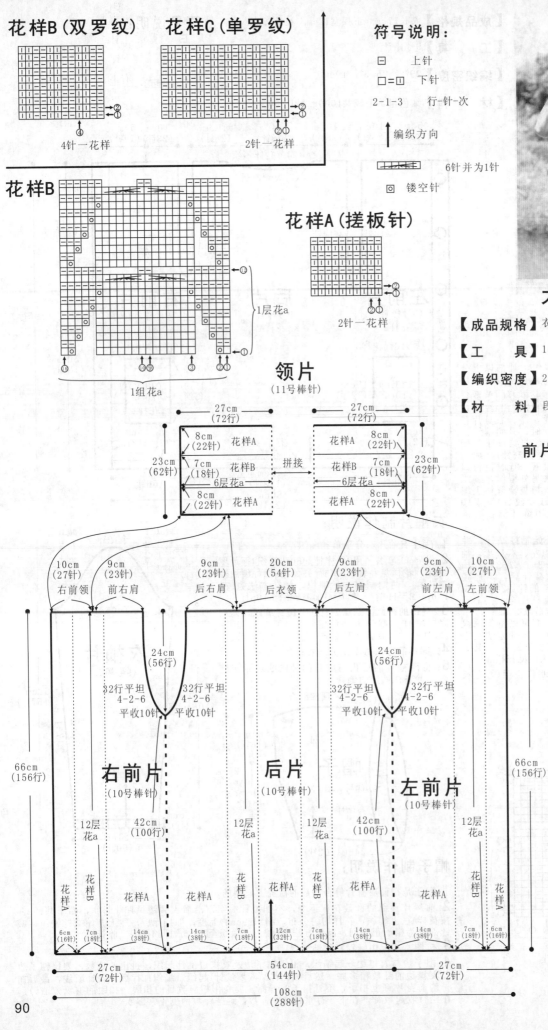

符号说明：

- □　上针
- □=□　下针
- 2-1-3　行-针-次

↑　编织方向

6针并为1针

◙　镂空针

花样B

花样A（搓板针）

2针一花样

4针一花样

2针一花样

1层花a

1组花a

领片
（11号棒针）

27cm（72行）　27cm（72行）

拼接

8cm（22针）　花样A　花样A　8cm（22针）
23cm（62针）　7cm（18针）　花样B　花样B　7cm（18针）　23cm（62针）
6层花a　6层花a
8cm（22针）　花样A　花样A　8cm（22针）

10cm（27针）右前领　9cm（23针）前右肩　9cm（23针）后右肩　20cm（54针）后衣领　9cm（23针）后左肩　9cm（23针）前左肩　10cm（27针）左前领

24cm（56行）　24cm（56行）

32行平坦 4-2-6　32行平坦 4-2-6　32行平坦 4-2-6　32行平坦 4-2-6
平收10针　平收10针　平收10针　平收10针

66cm（156行）

右前片（10号棒针）　**后片**（10号棒针）　**左前片**（10号棒针）

66cm（156行）

12层花a　42cm（100行）　12层花a　12层花a　42cm（100行）　12层花a

花样A　花样B　花样A　花样A　花样A　花样B　花样A　花样A　花样B　花样A

6cm（16针）　7cm（18针）　14cm（38针）　14cm（38针）　7cm（18针）　12cm（32针）　7cm（18针）　14cm（38针）　14cm（38针）　7cm（18针）　6cm（16针）

27cm（72针）　54cm（144针）　27cm（72针）

108cm（288针）

大翻领无袖装

【成品规格】 衣长66cm，下摆宽54cm

【工　具】 10号棒针，10号环形针

【编织密度】 27针　24行=10cm²

【材　料】 段染长毛晴纶线650g，偏紫花色

前片/后片/领片制作说明

1. 棒针编织法，袖窿以下一片编织，袖窿以上分成左前片、右前片、后片，再加上两片领片拼接而成。

2. 起针。下针起针法，起288针，来回编织。

3. 袖窿以下的编织。一片编织而成。起针后，将288针分配花样，按结构图所标注的顺序编织。花样A为搓板针，花样B为一个花a，由18针组成。整个织片含4组花样B，前后对称状。无加减，来回编织。共织成100行的高度后，完成袖窿以下的编织。

4. 袖窿以上的编织。将288针分成左前片72针，后片144针，右前片72针，分别编织。先各自从左前片和右前片的针数用防解别针扣住，先编织后片。将后片的针数独立，两边同时减针编织袖窿边，各平收10针，然后每织4行两边各减2针，一行减掉4针，减6次，然后无加减针再织32行的高度后，中间选取54针收针，两边肩部暂不收针，用防解别针扣住。再编织左前片，左前片左边的袖窿减针方法与后片相同，而衣襟这边，无加减针。袖窿减针行织成24行后，再织32行的高度后，先取左前领针数共27针收针收掉，而肩部的23针，与后片的后左肩的23针，一针对一针地缝合。同样的方法去编织右前片。

5. 领片的编织。领片由两方块织片拼接而成，相对于衣身，呈横向编织。起62针，两边各取22针编织花样A搓板针，中间的18针编织花样B镂空花样。来回编织，共织72行的高度后，暂停编织，以相同的方法再编织另一片。同样的高度后，将两织片一针对一针缝合。然后将一长边与前后收针的衣领边对应缝合。

【成品规格】衣长73cm，下摆宽76cm，袖长49cm

【工　　具】10号棒针，6.0可乐钩针

【编织密度】29针　25.3行=10cm²

【材　　料】苏菲爱丽丝时装线750g

符号说明：

□	上针	＋	短针
□=回	下针		长针
回	扭针		
区	左上2针并1针	⚬⚬⚬	锁针
区	右上2针并1针		
回	镂空针	田	中上3针并1针
区	上针左上3针并1针		
区	右上3针并1针		
区	上针左上2针并1针		

6 = |Q|Q|Q|Q|　1针编出6针的加针（下挂下）

2-1-3　　行-针-次

前身片制作说明：

1. 前身片分为两部分编织，先编织上部分，往上编织至肩部，下部分需在前、后身片缝合好的前提下，从衣摆挑针起织。

2. 编织上部分。用10号棒针起108针起织，按花样A均匀分布花样编织，往上编织时两边同时加减针，加减针方法顺序为减6-1-10，中间10行不加减针，加10-1-5，现在针数为98针，再往上不加减针编织4行后，收袖隆，第125行开始袖隆减针，方法顺序为1-5-1，2-1-5，将针数减少10针，针数为78针，往上不加减针编织至150行后，开始前衣领减针，中间留46针不织，可以收针，亦可以留作编织衣领连接，可用防解别针锁住，两侧余下的针数，衣领侧加减针，方法顺序为减2-1-3，加10-1-2，最后两侧的针数余下11针，共编织至202行，收针断线，详细编织花样见花样A。

蓝莲花长毛衣

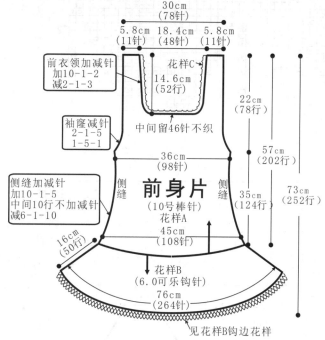

30cm
(78针)
5.8cm　18.4cm　5.8cm
(11针)　(48针)　(11针)

前衣领加减针
加10-1-2
减2-1-3

花样C
14.6cm
(52行)

中间留46针不织

袖隆减针
2-1-5
1-5-1

22cm
(78行)

36cm
(98针)

57cm
(202行)

前身片
(10号棒针)
花样A

侧缝　　侧缝

35cm
(124行)

73cm
(252行)

侧缝加减针
加10-1-5
中间10行不加减针
减6-1-10

45cm
(108针)

16cm
(50行)

花样B
(6.0可乐钩针)

76cm
(264针)

见花样B钩边花样

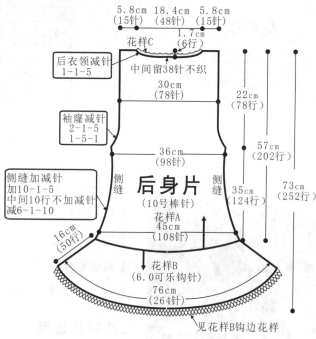

5.8cm　18.4cm　5.8cm
(15针)　(48针)　(15针)

1.7cm
(6行)

花样C

后衣领减针
1-1-5

中间留38针不织

30cm
(78针)

22cm
(78行)

袖隆减针
2-1-5
1-5-1

36cm
(98针)

57cm
(202行)

后身片
(10号棒针)

侧缝　　侧缝

35cm
(124行)

73cm
(252行)

侧缝加减针
加10-1-5
中间10行不加减针
减6-1-10

花样A

45cm
(108针)

16cm
(50行)

花样B
(6.0可乐钩针)

76cm
(264针)

见花样B钩边花样

后身片制作说明：

1. 后身片同前身片，也分为两部分编织，先编织上部分，往上编织至肩部，下部分需在前、后身片缝合好的前提下，从衣摆挑针起织。

2. 编织上部分。编织方法同前身片，不同之处为衣领，袖隆减完针后，针数为78针，往上不加减针编织至196行后，开始后衣领减针，中间留38针不织，可以收针，亦可以留作编织衣领连接，可用防解别针锁住，两侧余下的针数，衣领侧减针，方法顺序为1-1-5，最后两侧的针数余下15针，共编织至202行，收针断线，详细编织花样见花样A。

3. 将前身片的侧缝与后身片的侧缝对应缝合，再将两肩部对应缝合。

4. 从衣摆挑220针，按花样B花样编织，10针为一个花样，共排22个花样，按花样B加减针编织，形成叶子形状，一直编织50行高度后，收针断线。

5. 最后用6.0可乐钩针，沿衣裙边按花样B的钩边花样钩两圈后，沿衣领边按花样C钩完衣领钩边。

衣袖片

减30针　余12针　减30针
1-1-4　　　　　1-1-4
2-1-26　　　　2-1-26

16cm
(57行)

28cm
(72针)

17cm
(60行)

衣袖片
(10号棒针)
花样A
向上织

侧缝　加8-1-6　加8-1-6

23cm
(60针)

49cm
(167行)

16cm
(50行)

花样B
(6.0可乐钩针)

48cm
(144针)

见花样B钩边花样

衣袖片制作说明：

1. 两片衣袖片，分别单独编织。

2. 先编织上部分，用10号棒针起60针起织，按花样A均匀分布花样编织，往上编织时两边同时加针，加针方法顺序为8-1-6，一直加针至72行，再往上不加减针编织至60行。

3. 袖山的编织。两侧同时减针，减针方法如图：依次2-1-26，1-1-4，最后余下12针，直接收针后断线。

4. 衣袖片下部分的编织方法同衣身下部分，从袖摆挑60针，按花样B花样编织，10针为一个花样，共排6个花样，按花样A加减针编织，形成叶子形状，一直编织50行高度后，收针断线。

5. 最后用6.0可乐钩针，沿袖裙边按花样B的钩边花样钩两圈后，收针断线。

6. 同样的方法再编织另一衣袖片。

7. 将两袖片的袖山与衣身的袖隆线边对应缝合，再缝合袖片的侧缝。

花样A

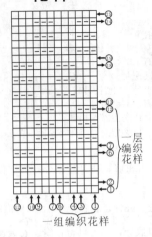

一层编织花样

一组编织花样

花样C

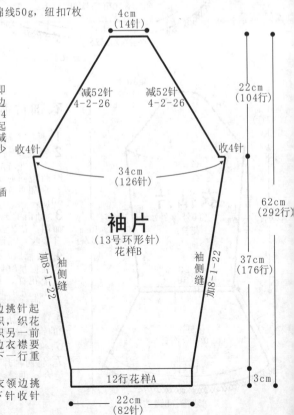

花样B

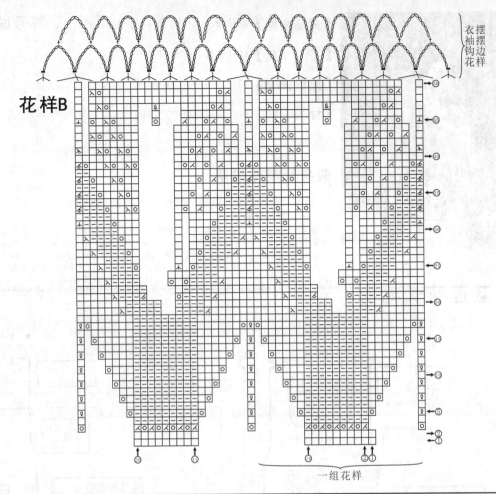

衣摆摆袖摆钩边花样

一组花样

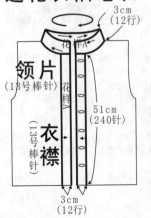

莲花长袖毛衣

领片
(13号棒针)
花样A

衣襟
(13号棒针)

3cm (12行)

51cm (240针)

3cm (12行)

【成品规格】衣长60cm，下摆宽48cm，袖长62cm

【工　具】13号棒针，13号环形针

【编织密度】37针 4 7行=10cm²

【材　料】紫色棉线共450g，白色棉线50g，纽扣7枚

袖片制作说明：

1. 棒针编织法，编织两片袖片，从袖口起织。

2. 下针起针法，起82针，编织12行花A，即搓板针，然后第13行起，编织花样B，一边织一边两侧加针，方法为8-1-22，共加44针，织至174行，针数为126针，第175起行，编织袖山，袖山减针，两侧同时减针，方法为平收4针，4-2-26，两侧各减少52针，最后织片余下14针，收针断线。

3. 同样的方法再编织另一袖片。

4. 缝合方法：将袖山对应前片与后片的插肩线，用线缝合，再将两袖侧缝对应缝合。

领片/衣襟制作说明：

1. 棒针编织法，往返编织。

2. 先编织衣襟，见结构图所示，沿着衣襟边挑针起织，挑240针，沿着箭头所示的方向编织花样A，共织12行后收针断线，同样去挑针编织另一前片的衣襟边，方法相同，方向相反，在左边衣襟要制作7个扣眼，方法是在一行收起两针，在下一行重起这两针，形成一个眼。

3. 完成衣襟后才能去编织衣领，沿着前后衣领边挑针编织，织花样A，共织12行的高度，用下针收针法，收针断线。

符号说明：

□　上针

□=① 下针

2-1-3　行-针-次

4cm (14针)

减52针 4-2-26　减52针 4-2-26

22cm (104行)

收4针

34cm (126针)

袖片
(13号环形针)
花样B

加8-1-22 袖侧缝

加8-1-22 袖侧缝

62cm (292行)

37cm (176行)

12行花样A

3cm

3cm

22cm (82针)

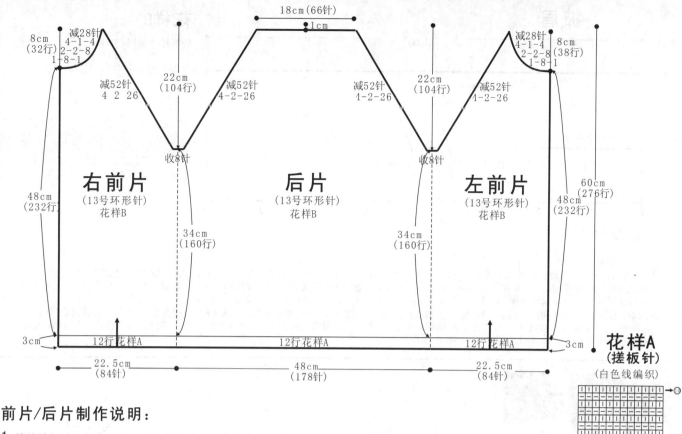

8cm
(32行)

减28针
4-1-4
2-2-8
1-8-1

18cm(66针)

1cm

减28针
4-1-4
2-2-8
1-8-1

8cm
(38行)

22cm
(104行)

减52针
4 2 26

减52针
4-2-26

收8针

22cm
(104行)

减52针
1-2-26

减52针
1-2-26

收8针

右前片
(13号环形针)
花样B

后片
(13号环形针)
花样B

左前片
(13号环形针)
花样B

60cm
(276行)

48cm
(232行)

48cm
(232行)

48cm
(232行)

34cm
(160行)

34cm
(160行)

3cm

12行花样A

12行花样A

12行花样A

3cm

22.5cm
(84针)

48cm
(178针)

22.5cm
(84针)

花样A
(搓板针)

(白色线编织)

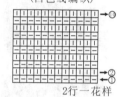

2行一花样

花样B (全下针)

(紫色线编织)

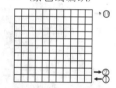

前片/后片制作说明：

1.棒针编织法。袖窿以下一片编织完成，袖窿起分为左前片、右前片、后片来编织，织片较大，可采用环形针编织。

2.起织。下针起针法，起346针起织，起织花样A搓板针，共织12行，从第13行起将织片改织花样B，编织至172行，将织片分片，分为右前片、左前片和后片，右前片与左前片各取84针，后片取178针编织，先编织后片，而右前片与左前片的针眼用防解别针扣住，暂时不织。

3.分配后身片的针数到棒针上，用13号针编织，起织时两侧各收4针，同时减针织成袖窿，减针方法为4-2-26，两侧针数各减少56针，共织104行余下66针，用防解别针扣住留做衣领，暂时不织。

4.左前片与右前片的编织。两者编织方法相同，但方向相反。以右前片为例，右前片的左侧为衣襟边，起织时不加减针，右侧起织时收4针，然后减针织成袖窿，减针方法为4-2-26，针数减少52针，余下28针，当衣襟侧编织至232行时，织片向右减针织成前衣领，减针方法为1-8-1，2-2-8，4-1-4，将针数减28针，袖窿以上共织104行，收针断线，左前片的编织顺序与减针法与右前片相同，但是方向不同。

风情披肩

【成品规格】披肩总长200cm，下摆宽56cm

【工　　具】9号棒针

【编织密度】20针　28行=10cm²

【材　　料】粉色丝光线300g

符号说明：

□　上针　□=□　下针

2-1-3　行-针-次

↑　编织方向

⊞　上针右加针

⊞　上针左加针

◎　镂空针

⊠　上针左上2针并1针

花样A (披肩图解)

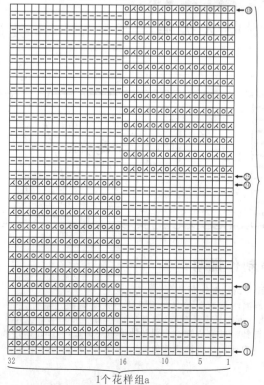

1层花样组a

1个花样组a

32　16　10　5　1

93

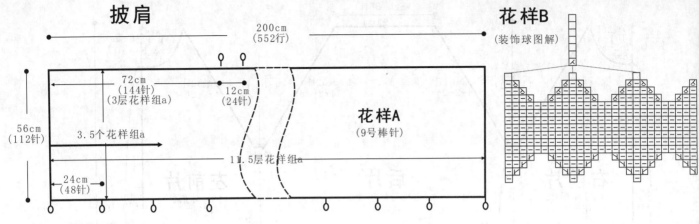

披肩

200cm
(552行)

花样B
(装饰球图解)

72cm
(144针)
(3层花样组a)

12cm
(24针)

56cm
(112针)

花样A
(9号棒针)

3.5个花样组a

11.5层花样组a

24cm
(48针)

披肩制作说明:

1.棒针编织。

2.开始编织披肩。起112针编织,分配花样,每个花样由16针组成,一个花样组a由两种花样组成,共32针一组花样组a,将112针分配成3个半的花样组a,每组花样a由24行织成,第25行时,两种花样交替位置,再编织24行,这样,48行一层花样组,共编织11.5层花样组a,不加减针共编织200cm,即525行,收针断线,花样编织详见花样A披肩图解。

3.编织装饰球。起3针圈织,第1~3行每针中加放1针,共加到27针,不加减编织7行,从第8行开始每2针并1针,最后留余1针,织6个辫子针后与披肩连接缝实,同样方法共编织14个装饰球,一侧每隔24cm缝1个,共缝12个,另一侧只缝2个装饰,位于3层花样组a的高度起缝第1个球。编织方法见花样B装饰球图解。

【成品规格】披肩总长160cm,宽35cm

【工　　具】9号棒针,1.75mm钩针

【编织密度】18针 48行=10cm²

【材　　料】段染毛绒线共450g

符号说明:

+　　短针

|　　长针

∞∞∞　锁针

□　　下针

⊟　　上针

⊞⊟　元宝针

温暖大披肩　　披肩

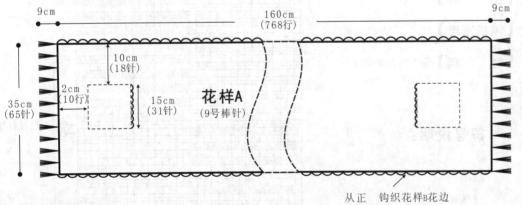

9cm

160cm
(768行)

9cm

10cm
(18针)

2cm
(10行)

15cm
(31针)

花样A
(9号棒针)

35cm
(65针)

从正 钩织花样B花边

袋片

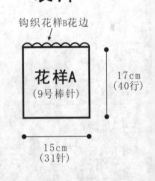

钩织花样B花边

花样A
(9号棒针)

17cm
(40行)

15cm
(31针)

袋片制作说明:

1.棒针与钩针编织相结合。

2.开始起31针编织元宝针,不加减针共编织40行,收针断线,花样编织详见花样A。

3.沿收针边从袋片正 挑钩花样B花边,距披肩一端2cm、距两边各10cm处沿边与披肩缝实。为使整体美观,袋片花样颜色必须与披肩花样颜色一致,同样方法完成另一侧袋边。

披肩制作说明:

1.棒针与钩针编织相结合。

2.开始编织披肩。起65针上下针,开始编织元宝针,不加减针共编织160cm,即768行,收针断线。花样编织详见花样A,因为元宝针2行才能完成一个花样,所以披肩长度可根据个人要求调节。

3.用钩针沿披肩两侧边分别起针钩织装饰边,起3针锁针,钩2针扇形针,钩织方法见花样B。

4.在披肩两端处挑钩装饰流苏。

流苏制作说明：

1. 将毛线在宽度为20cm的硬纸板上绕144圈，从一侧剪断，取出3根为一组，对折，用钩针沿披肩一端，从元宝针正　钩出，将毛线从钩出的孔中穿出、收紧，完成一组流苏。
2. 同样的方法共完成24组，每端共12组。
3. 用剪刀修齐下边。

花样A

（披肩、袋片图解）

花样B

（外侧、口袋花边图解）

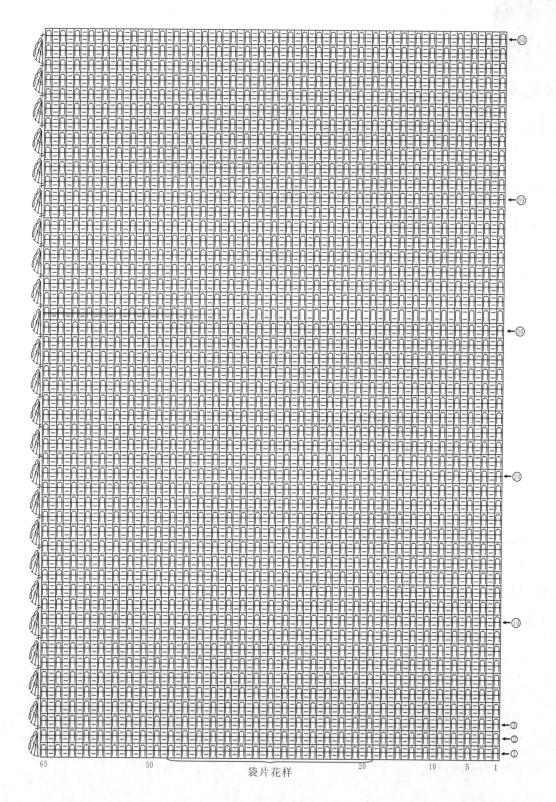

袋片花样

【成品规格】裙长78cm，下摆宽45cm，袖长19cm

【工　　具】12号棒针，12号环形针

【编织密度】25针　28行=10cm²

【材　　料】蓝色棉线450g，白色棉线150g

符号说明：

□　　　上针

□=□　下针

⊼　　　中上3针并1针

⊡　　　镂空针

2-1-3　　行-针-次

海之恋V领毛衣

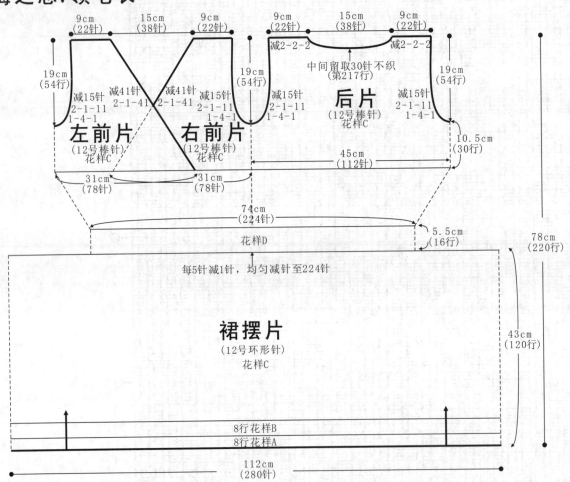

9cm（22针）　15cm（38针）　9cm（22针）　　9cm（22针）　15cm（38针）　9cm（22针）

减2-2-2　减2-2-2

中间留取30针不织（第217行）

19cm（54行）　　　19cm（54行）　　　后片（12号棒针）花样C　　19cm（54行）

减15针 减41针 2-1-11 2-1-41　减41针 减15针 2-1-41 2-1-11 1-4-1　减15针 2-1-11 1-4-1　减15针 2-1-11 1-4-1

左前片（12号棒针）花样C　　**右前片**（12号棒针）花样C

10.5cm（30行）

45cm（112针）

31cm（78针）　31cm（78针）

74cm（224针）

5.5cm（16行）

花样D

每5针减1针，均匀减针至224针

78cm（220行）

裙摆片
（12号环形针）花样C

43cm（120行）

8行花样B

8行花样A

112cm（280针）

前片/后片制作说明：

1. **棒针编织法**。腰身以下一片环形编织而成，腰身起分为前片、后片来编织，织片较大，可采用环形针编织。

2. **起织**。下针起针法起280针环形编织，起织花样A，共织8行，改织8行花样B，从第17行起改织花样C，织至120行，第121行将织片均匀减针至224针，每5针减1针，然后改织花样D，织至240行，第241行起，将织片分片，分为左前片、后片和右前片3部分，左右前片共取112针，后片取112针编织，先编织后片，而前片的针眼用防解别针扣住，暂时不织。

3. **分配后身片的针数到棒针上，用12号针编织花样C，起针不加减针编织30行，第31行起两侧需要同时减针织成袖窿，减针方法为1-4-1，2-1-11，两侧针数各减少15针，余下82针继续编织，两侧不再加减针，织至217行时，中间留取30针不织，用防解别针扣住，两端相反方向减针编织，各减少4针，方法为2-2-2，收针断线。

4. **前片的编织**。前片分为左右两片分别编织，先织左前片，左前片的左侧为袖窿，右侧为衣襟，靠织片左侧织出78针起织花样C，右侧起织时需要减针织成斜襟，减针方法为2-1-41，2-1-11，左侧不加减针织30行的高度，开始袖窿减针，减针方法为1-4-1，2-1-11，最后肩部余下22针，收针断线，编织右前片，挑起前片余下的34针，然后在左前片的内侧挑起44针共78针往上编织，编织方法与左前片相同，方向相反。

5. **前片与后片的两肩部对应缝合**。

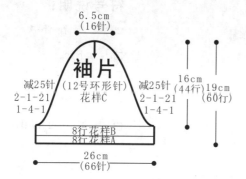

6.5cm
(16针)

袖片

减25针 (12号环形针) 减25针
2-1-21 花样C 2-1-21
1-4-1　　　　　　 1-4-1

16cm
(44行) 19cm
(60行)

8行花样B
8行花样A

26cm
(66针)

图案a
（裙摆图案）

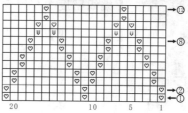

20　　　　10　　5　　1

☑ 白色线
□ 蓝色线

袖片制作说明：

1. 棒针编织法，编织两片袖片。

2. 起66针。先织8行花样A，再织8行花样B，然后改织花样C，两侧开始袖山减针，方法为1-4-1，2-1-21，织至60行，最后织片留下16针，收针断线。

3. 同样的方法再编织另一袖片。

4. 将两袖片缝合于衣身。

图案b
（前后片图案）

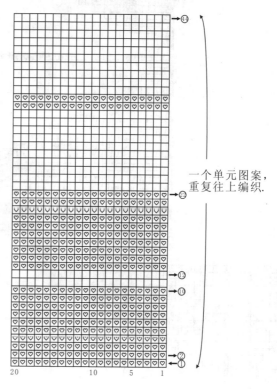

一个单元图案，重复往上编织.

20　　　　10　　5　　1

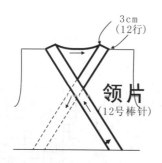

3cm
(12行)

领片
(12号棒针)

领片制作说明：

1. 棒针编织法，往返编织。

2. 沿着前后衣领及衣襟边挑针编织，织花样B，织8行后，改织花样A，织4行，收针断线。

花样A

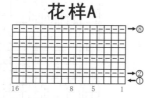

16　　8　5　　1

花样B

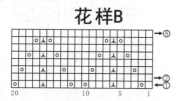

20　　　　10　　5　　1

花样C

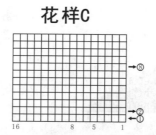

16　　8　5　　1

花样D

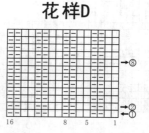

16　　8　5　　1

优雅长裙

【成品规格】 裙长82cm，下摆宽77cm

【工　　具】 13号钢针，13号环形针

【编织密度】 60针 5 6行=10cm²

【材　　料】 牛奶丝绒线共550g，黑色450g，
白色50g，灰色50g

符号说明：

2-1-3		行-针-次
⊡		下针
⊟		上针
⅄		中上3针并1针
⅄		1针两边各加1针

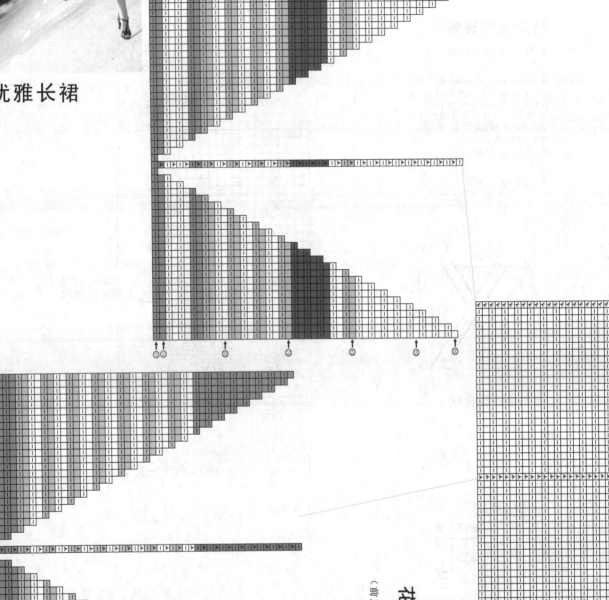

花样A

（前后片图解）

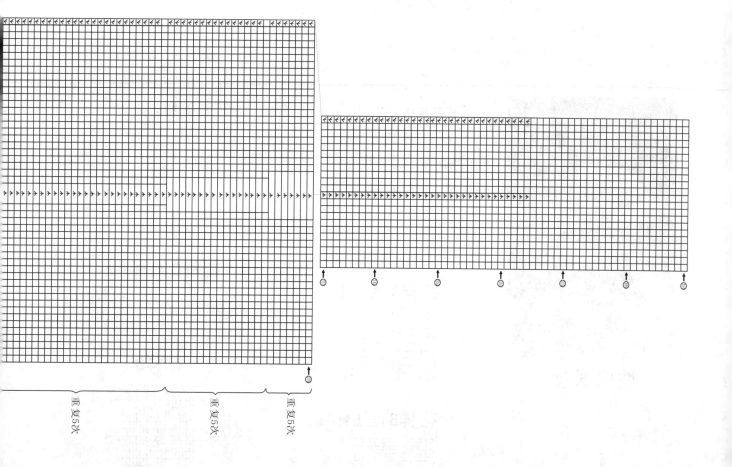

重复5次　　　　重复5次　　　　重复5次

裙片

(13号环形针)
花样A

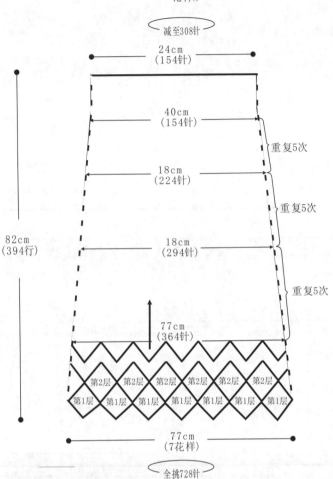

减至308针

24cm
(154针)

40cm
(154针)

重复5次

18cm
(224针)

重复5次

82cm
(394行)

18cm
(294针)

重复5次

77cm
(364行)

| 第2层 | 第2层 | 第2层 | 第2层 | 第2层 | 第2层 |
| 第1层 | 第1层 | 第1层 | 第1层 | 第1层 | 第1层 |

77cm
(7花样)

全挑728针

身片制作说明:

1. 裙子首先单独完成下侧菱形花样,再挑起圈织身片。

2. 起针编织第一层菱形花中的一朵,起51针,全部织来去平针,黑色织4行来去平针,在正 中心3针并1针,灰色织2行,同样在中心3针并1针,白色2行,中心3针并1针,灰和白交织7次,余下织黑色,都是在正 中心3针并1针,剩最后1针,一个花完成,共织14个花。

3. 开始编织第二层菱形花,第一朵在两个花的一边各挑25针,两个角连起来的地方加1针,共挑51针;黑色织2行来去平针,在中心3针并1针,白色织4行,在中心3针并1针,黑色织2行来去平针,在中心3针并1针,然后灰色、白色交替织2行,共交替7次,中心3针并1针,黑色织12行,在中心3针并1针,再交替一次白、灰色,中心3针并1针,余下织成白色,中心针3针并1针,剩最后1针,一个花完成,共挑织14个花。花样编织详见花样图解。

4. 开始挑织波浪纹,每朵花2条边,14朵花,用黑色毛线共挑728针。开始圈织,织1行下针1行上针;换灰色毛线织1行下针1行上针;用白色毛线织1行下针1行上针;用灰色毛线织1行下针1行上针;用黑色毛线织1行下针1行上针,织16行;用白色毛线织1行下针1行上针;用灰色毛线织1行下针1行上针;用黑色毛线织1行上针1行下针。织花样时先3针并1针,再织24针,然后1针中心两边各加1针,再织24针。

5. 完成配色线编织后,再全部用黑色毛线织,全部织下针,同样织花样,先3针并1针,再织24针,然后1针中心两边各加1针,再织24针。

6. 织下针第4行时收针,只3针并1针,但不放针,共收掉28针,织26行收1次,收5次,共收掉140针,130行;再织14行收1次,收5次,共收掉40针,70行;再织8行收1次,收5次,共收掉140针,40行,总共收掉420针,最后剩下308针,不加减针织花样34行,结束花样编织,再织24行下行,然后向内折沿边缝合起来。

7. 在折合的部分穿入适合自己胸围松紧的松紧带固定。

性感长裙

【成品规格】衣长87cm,衣摆宽98cm

【工 具】12号棒针

【编织密度】32针 3 6行=10cm²

【材 料】黑色羊毛线共600g

符号说明:

□　上针

□=□　下针

2-1-3　行-针-次

+　短针

|　长针

锁针

花样A (全下针)

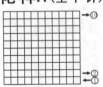

花样B (全上针)

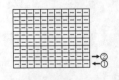

花样C (裙摆花边)

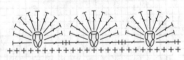

花样D

以这行为
中心对折

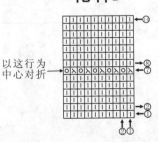

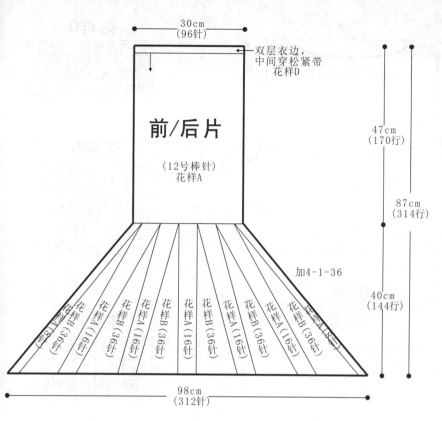

30cm
(96针)

双层衣边，
中间穿松紧带
花样D

前/后片

(12号棒针)
花样A

47cm
(170行)

87cm
(314行)

加4-1-36

40cm
(144行)

花样B(36针) 花样A(16针) 花样B(36针) 花样A(16针) 花样B(36针) 花样A(16针) 花样B(36针) 花样A(16针) 花样B(36针) 花样A(16针) 花样B(36针) 花样A(16针)

98cm
(312针)

前片/后片制作说明：

1. 棒针编织法。裙子一片环形编织完成，从上往下织，织片较大，可采用环形针编织。

2. 起织。下针起针法，起192针起织，起织花样D花样，共织14行，与起针行合并成双层衣边，中间穿松紧带，继续编织裙身，织花样A下针，编织至170行，第171行起，开始编织裙摆。

3. 将裙摆针数平均分配成12个单元，每个单元16针，从第171行起，在每个单元花样A的间隔处加针，加针方法为4-1-36，加针的针数织花样B全上针，织至314行，织片总针数变为624针，裙摆编织完成。

4. 裙摆钩边，沿裙摆边缘钩织花样C。

亮丽长款毛衣

2.5cm
(8行)

花样E

领片

(12号棒针)

领片制作说明：

1. 棒针编织法，环形编织。

2. 沿着前后衣领边挑针编织，织花样E，共织8行的高度，收针断线。

【成品规格】衣长74cm，下摆宽38cm，袖长15cm

【工　　具】12号棒针，12号环形针

【编织密度】25针 2 6行=10cm²

【材　　料】紫色棉线600g

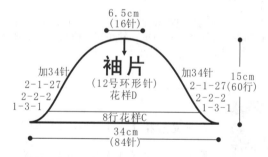

6.5cm
(16针)

袖片

(12号环形针)
花样D

加34针
2-1-27
2-2-2
1-3-1

加34针
2-1-27
2-2-2
1-3-1

15cm
(60行)

8行花样C

34cm
(84针)

袖片制作说明：

1. 棒针编织法。编织两片袖片，从袖窿挑针起织。

2. 挑起16针，编织花样D，第3行起一边织一边两侧挑加针，方法为2-1-27，2-2-2，1-3-1，织至53行时，改织花样C，织至60行，织片成84针，下针收针法环形收针。

3. 同样的方法再编织另一袖片。

符号说明：

□ 上针　　□=□ 下针

▨ 左加针　　▨ 右加针

▲ 中上3针并1针

▨▨▨▨▨ 5针捆绑成1针

2-1-3　行-针-次

花样A

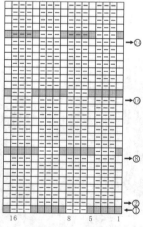

16　　8　5　　1

花样B

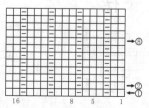

16　　8　5　　1

101

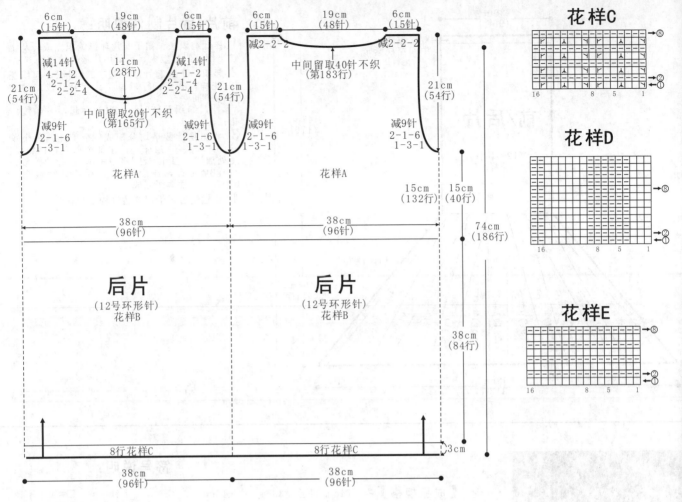

前片/后片制作说明：

1. 棒针编织法。袖窿以下一片环形编织而成，袖窿起分为前片、后片来编织，织片较大，可采用环形针编织。

2. 起织。下针起针法起192针起织，起织花样C，共织8行，从第9行起改织花样B，织至92行，第93行起改织花样A，织至第133行起将织片分片，分为前片和后片，各取96针编织，先编织后片，而前片的针眼用防解别针扣住，暂时不织。

3. 分配后身片的针数到棒针上，用12号针编织，起织时两侧需要同时减针织成袖窿，减针方法为1-3-1，2-1-6，两侧针数各减少9针，余下78针继续编织，两侧不再加减针，织至第183行时，中间留取40针不织，用防解别针扣住，两端相反方向减针编织，各减少4针，方法为2-2-2，最后两肩部余下15针，收针断线。

4. 前片的编织。与后身片相同，起织时两侧需要同时减针织成袖窿，减针方法为1-3-1，2-1-6，两侧针数各减少9针，余下78针继续编织，两侧不再加减针，织至第165行时，中间留取20针不织，用防解别针扣住，两端相反方向减针编织，减针方法2-2-4，2-1-4，4-1-2，两侧各减少14针，最后两肩部余下15针，收针断线。

5. 前片与后片的两肩部对应缝合。

清纯女生长裙

【成品规格】衣长80cm，下摆宽60cm，袖长17cm

【工　　具】12号棒针，12号环形针

【编织密度】花样ABC：25针 3 2行=10cm²
　　　　　　花样D：42针 3 2行=10cm²

【材　　料】紫色棉线600g

符号说明：

□	上针
□=□	下针
⊙	镂空针
⋏	中上3针并1针
	右上3针与左下3针交叉
2-1-3	行-针-次

花样A

花样B

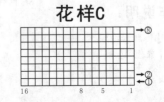

花样C

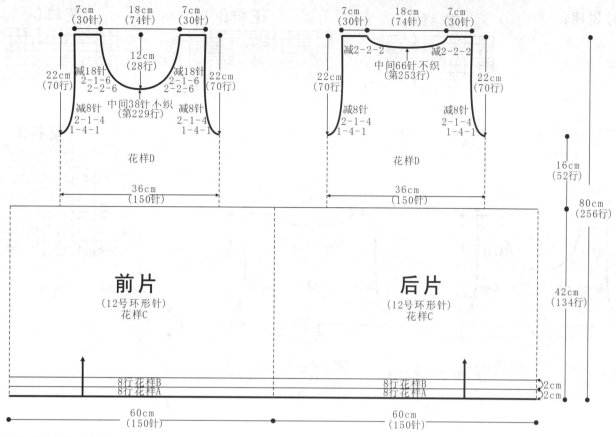

花样D

花样E

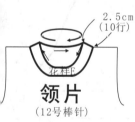

领片
（12号棒针）

前片/后片制作说明：

1. 棒针编织法。袖窿以下一片环形编织而成，袖窿起分为前片、后片来编织，织片较大，可采用环形针编织。

2. 起织。下针起针法起300针起织，起织花样A，共织8行，从第9行起改织花样B，织至16行，第17行起改织花样C，不加减针织至第134行，改织花样D，再织52行花样D后，起将织片分片，分为前片和后片，各取150针编织，先编织后片，而前片的针眼用防解别针扣住，暂时不织。

3. 分配后身片的针数到棒针上，用12号编织，起织时两侧需要同时减针织成袖窿，减针方法为1-4-1，2-1-4，两侧针数各减少8针，余下134针继续编织，两侧不再加减针，织至第253行时，中间留取66针不织，用防解别针扣住，两端相反方向减针编织，各减少4针，方法为2-2-2，最后两肩部余下30针，收针断线。

4. 前片的编织。与后身片相同，起织时两侧需要同时减针织成袖窿，减针方法为1-4-1，2-1-4，两侧针数各减少8针，余下134针继续编织，两侧不再加减针，织至第229行时，中间留取38针不织，用防解别针扣住，两端相反方向减针编织，减针方法2-2-6，2-1-6，两侧各减少18针，最后两肩部余下30针，收针断线。

5. 前片与后片的两肩部对应缝合。

领片制作说明：

1. 棒针编织法，环形编织。

2. 沿着前后衣领边挑针编织，织花样E，共织10行的高度，收针断线。

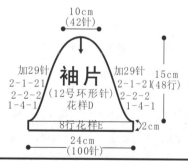

袖片
（12号环形针）
花样D

袖片制作说明：

1. 棒针编织法。编织两片袖片，从袖窿挑针起织。

2. 袖山头挑起42针，编织花样D，第3行起一边织一边两侧挑加针，方法为2-1-21，2-2-2，1-4-1，织至48行时，环形编织袖口，织花样E，织至56行，下针收针法环形收针。

3. 同样的方法再编织另一袖片。

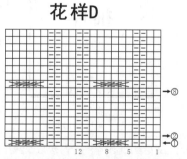

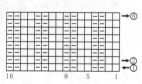

灯笼袖长毛衣

【成品规格】衣长79cm，下摆宽50cm，袖长54cm

【工　　具】12号棒针，12号环形针

【编织密度】24针36行=10cm²

【材　　料】绿色棉线800g

符号说明：

- ▭ 上针
- □=▯ 下针
- ▯▯▯ 延伸上针（2行时）
- ▨▨▨▨ 右上3针与左下3针交叉
- 2-1-3 行-针-次

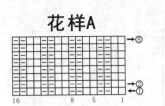

花样A

花样B

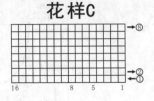

花样C

花样D

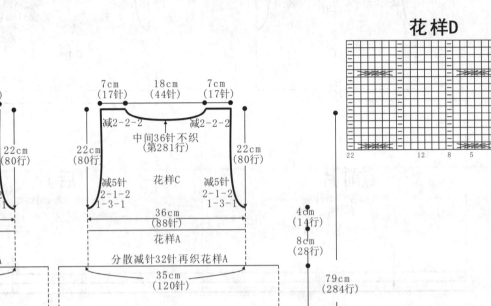

前片
（12号环形针）
花样B

后片
（12号环形针）
花样B

袖片
（12号环形针）
花样B

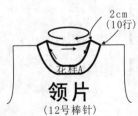

领片
（12号棒针）

前片/后片制作说明：

1. 棒针编织法。袖窿以下一片环形编织而成，袖窿起分为前片、后片来编织，织片较大，可采用环形针编织。

2. 起织。下针起针法起240针起织，起织花样A，共织8行，从第9行起改织花样B，每10针一个花样，共24个花样，织至162行，第163行将针数减针64针，为176针，起改织花样A，不加减针织28行，改织14行花样C。

3. 分配后身片的针数到棒针上，用12号针编织，起织时两侧需要同时减针织成袖窿，减针方法为1-3-1，2-1-2，两侧针数各减少5针，余下78针继续编织，两侧不再加减针，织至第281行时，中间留取36针不织，用防解别针扣住，两端相反方向减针编织，各减少4针，方法为2-2-2，最后两肩部余下17针，收针断线。

4. 前片上半部分的编织。起织33针花样C+22针花样D+33针花样C组合，重复往上编织，起织时两侧需要同时减针织成袖窿，减针方法为1-3-1，2-1-2，两侧针数各减少5针，余下78针继续编织，两侧不再加减针，织至第241行时，中间留取22针不织，用防解别针扣住，两端相反方向减针编织，减针方法2-2-3，2-1-5，两侧各减少11针，最后两肩部余下17针，收针断线。

5. 前片与后片的两肩部对应缝合，编织一条长约120cm的细绳，穿系于腰间。

领片制作说明：

1. 棒针编织法，环形编织。

2. 沿着前后衣领边挑针编织，织花样E，共织10行的高度，收针断线。

袖片制作说明：

1. 棒针编织法。编织两片袖片，从袖口起织。

2. 起70针，编织8行花样A，从第9行起改织花样B，织至86行，然后织22行花样A，再织28行花样C，见结构图所示，接着就编织袖山，袖山减针编织，两侧同时减针，方法为1-3-1，2-1-28，两侧各减少31针，最后织片余下8针，收针断线。

3. 同样的方法再编织另一只袖片。

4. 缝合方法：将袖山对应前片与后片的袖窿线，用线缝合，再将两袖侧缝对应缝合。

【成品规格】上衣长86cm，下摆宽40cm，袖长3cm

【工　　具】10号棒针，10号环形针

【编织密度】20针 26行=10cm²

【材　　料】中粗晴纶线750g，米白色

花样A（双罗纹）

4针一花样

清雅毛衣裙

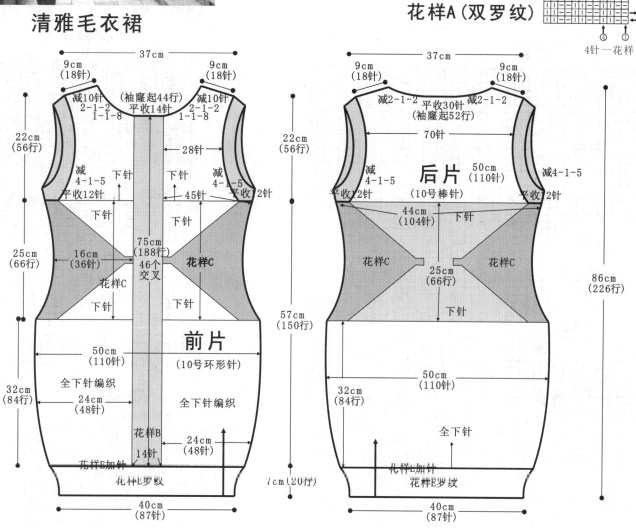

前片

37cm

9cm（18针）　9cm（18针）

减10针 2-1-2 1-1-8　（袖窿起44行）平收14针　减10针 2-1-2 1-1-8

22cm（56行）

28针

减 4-1-5 平收12针　下针　下针　减 4-1-5 平收12针

45针

下针　下针

25cm（66行）　16cm（36针）　75cm（188行）46个交叉　花样C

花样C　下针　下针

57cm（150行）

前片（10号环形针）

50cm（110针）

全下针编织　全下针编织

32cm（84行）　24cm（48针）　24cm（48针）

花样B 14针

花样E加针

花样E罗纹

40cm（87针）

7cm（20行）

后片

37cm

9cm（18针）　9cm（18针）

减2-1-2 平收30针 （袖窿起52行）减2-1-2

70针

减 4-1-5 平收12针　后片（10号棒针）　50cm（110针）　减4-1-5 平收12针

44cm（104针）　下针

花样C　25cm（66行）　花样C

下针

50cm（110针）

全下针

32cm（84行）

花样E加针

花样E罗纹

40cm（87针）

86cm（226行）

22cm（56行）

前片/后片制作说明：

1. 棒针编织法。袖窿以下一片编织完成，袖窿起分为前片、后片来编织，织片较大，可采用环形针编织，全用米白色线来编织。

2. 起织。罗纹起针法，起174针起织，起织花样E罗纹针，无加减针织成20行，在第20行时，按照花样E所示的第20行的加针方法进行加针，将174针加成220针进行编织，在第21行时，作花样B的编织针数，余下的全部编织下针，依照花样B的针法变化往上编织，无加减针，当编织成84行时，可根据花样B的棒绞花样个数进行算行数，即编织至第20层棒针，再编织2行的高度时，在花样B两侧，进行花样C的编织，前片各两个花样C，后片的花样与前片的花样连接，方向相反，后片的花样B相同位置，不编织花样B，全编织下针，照花样C的方法织成66行的高度，然后将织片分成前片和后片进行编织，两片针数各一半，各为104针。

3. 分配后身片的针数到棒针上，用10号针编织，全织下针，起织时两侧需要同时减针织成袖窿，两侧先平收12针，减针方法为4-1-5，两侧针数各减少5针，余下70针继续编织，两侧不再加减针，织至袖窿起第52行时，中间留取30针不织，直接收针收掉，两端相反方向减针编织，各减少2针，方法为2-1-2，最后两肩部余下18针，收针断线。

4. 前片的编织。前片的花样B部分仍旧编织，两侧改织下针，各45针，前片的两边减针织袖窿，先平收12针，再同行减针，减针方法为4-1-5，花样B两边各余下28针继续编织，当织至袖窿起的第44行时，将花样B的针数收掉，两边同时相反方法减针，减针方法为1-1-8，2-1-2，各减掉10针，最后肩部余下18针，收针断线。

5. 前片与后片的两肩部对应缝合。

花样B

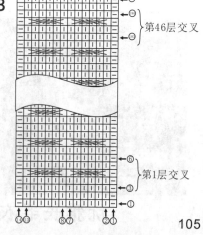

第46层交叉

第1层交叉

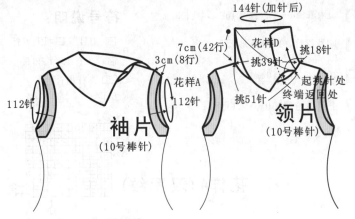

144针(加针后)

7cm(42行)

3cm(8行)

112针

花样A

112针

挑18针

挑39针

起挑针处

终端返回处

挑51针

袖片
(10号棒针)

花样D

领片
(10号棒针)

袖片/领片制作说明：

1.棒针编织法。

2.先编织袖片。沿着袖窿边，挑针起织花样A双罗纹针，环织，无加减针，编织8行的高度后，收针断线，同样的方法编织另一边袖片。

3.领边的编织。这是种侧衣领，领片的起始端与终端不在同一个点上，起织的位置在衣领的左侧中间，如图所示的位置，起挑花样D中的第1行花样，从外侧观看，是2针上针，1针下针的花样变化，从起针起至对侧肩部，即前衣领边，共挑51针进行编织，后衣领边，共挑39针进行编织，回到前衣领边至图中所示的终端，共挑18针进行编织，终端的位置在起端的内侧，完成挑针后，往返编织花样D中的第1行至第16行的花样，在第17行时，在1针下针的位置，再加1针，将花样变成编织双罗纹花样，即2针上针，2针下针的花样变化，编织双罗纹花样共26行后，用双罗纹收针法收针，完成断线，藏好线尾。

花样C (腰间花样)

减针后中间针数为36针

花样D
(衣领花样图解)

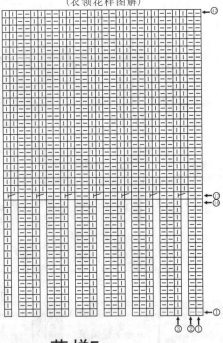

花样E
(衣摆与衣身连接处加针方法)

加针行

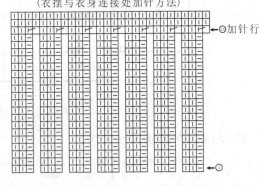

优雅长毛衣

【成品规格】衣长78cm，袖长45cm，下摆宽69cm

【工　　具】13号棒针，13号环形针，1.3mm钩针

【编织密度】32针 3 9行=10cm²

【材　　料】手编山羊绒线375g，黑色

符号说明：

□　　上针

□=□　下针

2-1-3　　行-针-次

↑编织方向

回　镂空针

△　中上3针并1针

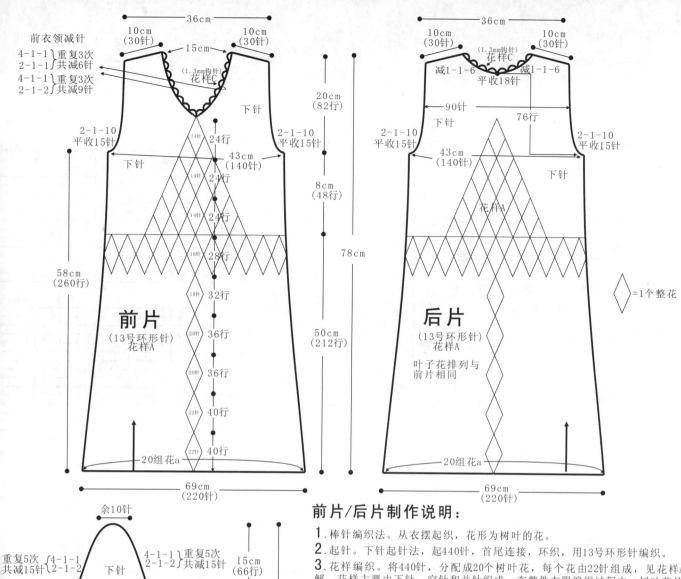

前衣领减针
4-1-1 } 重复3次
2-1-1 } 共减6针
4-1-1 } 重复3次
2-1-2 } 共减9针

36cm
10cm (30针)　　10cm (30针)
15cm
(1.3mm钩针)
花样C
下针
2-1-10 平收15针　　2-1-10 平收15针
下针
43cm (140针)
14针 24行
14针 24行
14针 24行
16针 28行
18针 32行
20针 36行
20针 36行
22针 40行
22针 40行
58cm (260行)
前 片
(13号环形针)
花样A
20组花a

20cm (82行)
8cm (48行)
78cm
50cm (212行)
69cm (220针)

36cm
10cm (30针)　　10cm (30针)
(1.3mm钩针) 花样C
减1-1-6　　减1-1-6
平收18针
90针
下针　　76行
2-1-10 平收15针　　2-1-10 平收15针
43cm (140针)
花样A
下针
后 片
(13号环形针)
花样A
叶子花排列与前片相同
20组花a
69cm (220针)

◇ =1个整花

余10针
重复5次 {4-1-1
共减15针 {2-1-2　　4-1-1 } 重复5次
2-1-2 } 共减15针
下针
2-1-13 平收15针　　2-1-13 平收15针
28cm (96针)
12针 20行
12针 20行
12针 20行
12针 20行
14针 24行
16针 28行
18针 32行
10行平坦 加20-1-2　　10行平坦 加20-1-2
15cm (66行)
45cm (200行)
30cm (134行)
花样B
袖 片
(13号棒针)
44cm (144针)

前片/后片制作说明：

1. 棒针编织法。从衣摆起织，花形为树叶的花。

2. 起针。下针起织法，起440针，首尾连接，环织，用13号环形针编织。

3. 花样编织。将440针，分配成20个树叶花，每个花由22针组成，见花样A图解，花样主要由下针、空针和并针织成，在整件衣服编织过程中，树叶花的个数不变，而每个花的针数在减针后有改变，最后一个树叶花的针数为14针。

4. 树叶花的减针编织。一个菱形花形为一个整花，即40行一个整花，如结构图所示，第一个和第二个整花，每个行数为40行，两个共80行，在编织第80行时，在并针的所在列，即第79行并针后，下一行的同一位置(此行没有空针织加针)继续编织，这样，一个整花就减少2针，衣服一圈减少20个花，一共减少了40针，织片针数为400针，同样方法，再织2个整花，再减一次针，每个花减2针，针数减为360针，接着再织一个整花，减一次针，每个花减2针，针数减为320针，再织一个整花，再减一次针，每个花减2针，针数减为280针，此后，花形不再减针，照每个花14针的针数继续编织，但整花的排列有变化，参照结构图所示，将树叶花的整体织成三角形，后片的树叶排列与前片相同，当整花织成8个的高度时，开始分袖窿，将织片分成前片、后片编织。

5. 袖窿以上的编织。衣服编织至320行的高度时，即8个整花的高度，开始分前后片，每片的针数为140针，先将前片的针数用防解别针扣住，后片两边平收15针，然后两边同时减针，减2-1-10，针数各减10针，余下90针继续编织，再编织56行的高度时，从织片中间选取18针收针，两边相反方向减针，减1-1-6，减针行织成6行，肩部余下30针，收针断线。

6. 前片的编织。前片的袖窿减针与前片相同，而衣领的减针开始，是编织完最后一个整花时，开始分成两边各自减针编织，减针方法为，先织2行减1针减2次，再织4行减1针减1次，如此减法重复3次，行数织成24行，针数减少9针，然后每2行减1针减1次，再织4行减1针减1次，如此减针重复3次，行数织成18行，针数减少6针，此时，衣领一边减少15针，然后无加减针编织40行后，与后肩部对应缝合，另一边织法相同，缝合后，用钩针沿着前后衣领边钩织花样C花边。

袖片制作说明：

1. 棒针编织法。用13号棒针编织，从袖口起织，袖山减针。

2. 起针。下针起织法，起144针，首尾连接。

3. 袖口的编织。起针后，将80针分成8个树叶花，树叶花的减针方法与衣服前后片的树叶花减针方法相同，这里不再重复。

4. 袖身的编织。编织一个整花的高度时，每个整花减2针，一圈袖身的针数变为128针，再织一个整花，也是每个花减2针，袖身针数变为112针，再织一个整花，每个花减2针，一个花的针数变为12针，袖身的针数为96针，此后照此针数的整花编织，此时行数织成84行，从85行起，袖身腋下中心加针，织20行时，两边各加1针，加2次，织成40行，然后无加减针织10行的高度时，开始袖山减针。

5. 袖山的编织。将完成的袖身对折，分成两半针数，选一侧的最边两针，作袖山减针所在列，环织改为片织，两端各平收15针，然后进入减针编织，减针方法为2-1-13，然后每织2行减1针减2次，再织4行减1针减1次，减少3针，如此方法重复5次，针数减少15针，袖山两边各减掉43针，余下10针，收针断线，以相同的方法，再编织另一只袖。

6. 缝合。将袖片的袖山边与衣身的袖窿边对应缝合。

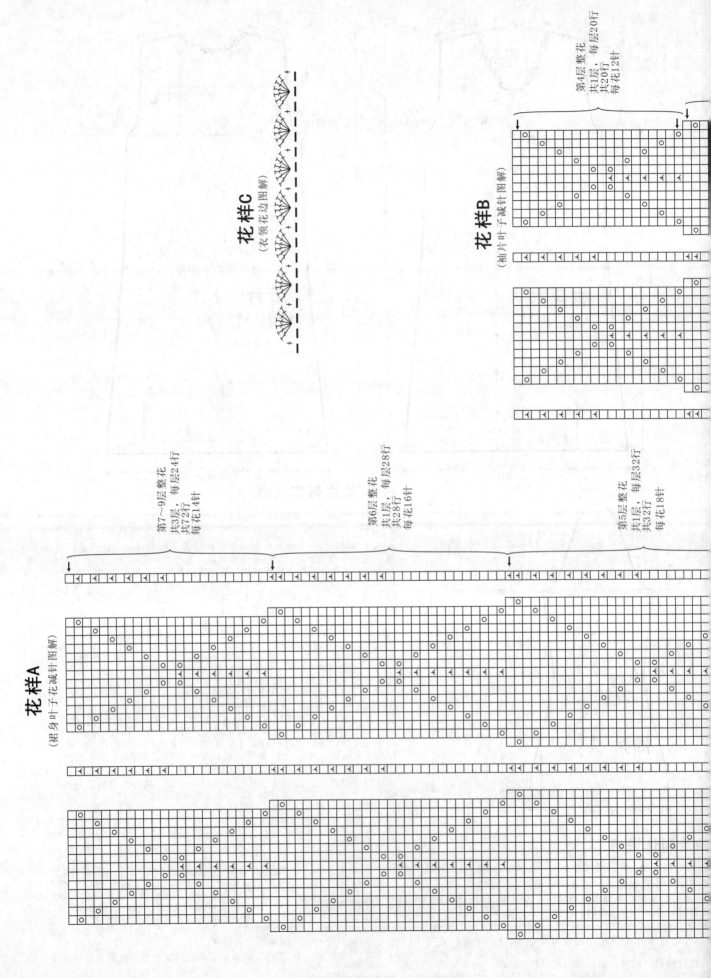

花样C
(衣领花边图解)

花样B
(袖片叶子减针图解)

第4层整花
共20行
每花12针

花样A
(裙身叶子花减针图解)

第7~9层整花
共3层，每层24行
共72行
每花14针

第6层整花
共1层，每层28行
共28行
每花16针

第5层整花
共1层，每层32行
共32行
每花18针

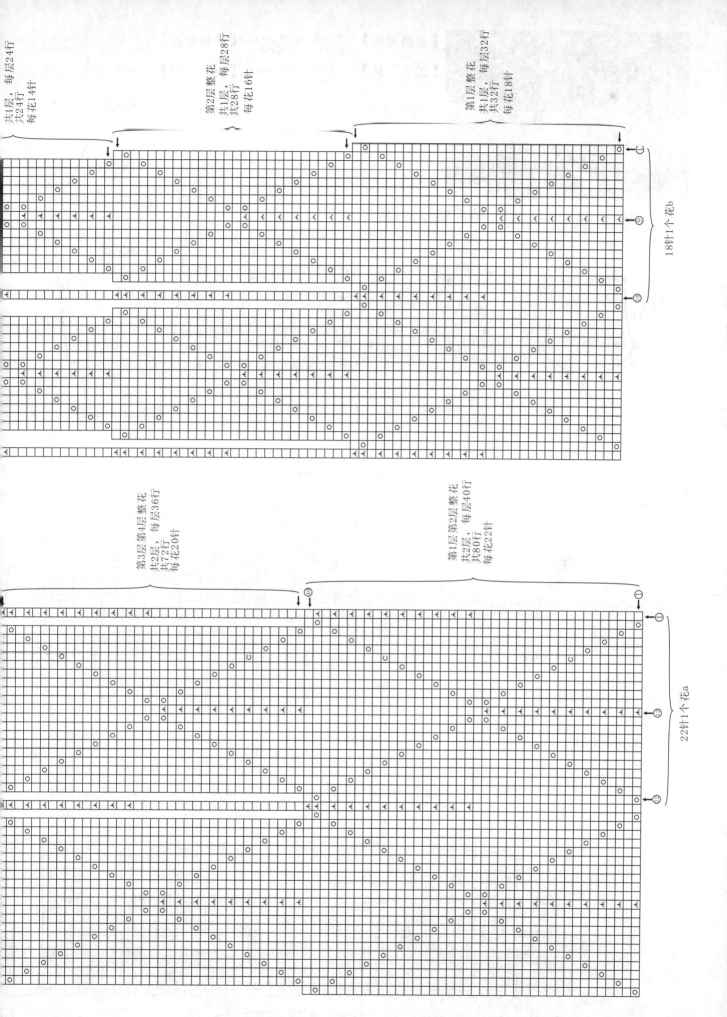

【成品规格】上衣长84cm，宽40cm，袖长55cm，肩宽36cm

【编织密度】衣领/衣摆：34针 35行=10cm²　衣身：36针 35行=10cm²

【工　　具】10号棒针，10号环形针

【材　　料】中粗晴纶线800g，深紫色

符号说明：

□ 上针　□=① 下针

2-1-3　行-针-次　↑ 编织方向

右上3针与左下3针交叉

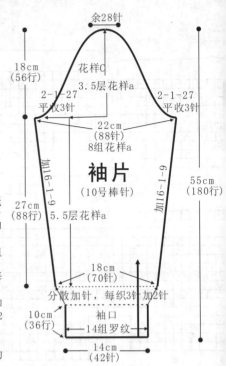

袖片（10号棒针）

余28针

花样C

3.5层花样a

2-1-27 平收3针

2-1-27 平收3针

18cm（56行）

22cm（88针）8组花样a

加16-1-9

加16-1-9

27cm（88行）5.5层花样a

55cm（180行）

18cm（70针）

分散加针，每织3针加2针

10cm（36行）

袖口

14组罗纹

14cm（42针）

紫韵长款毛衣

领片（10号棒针）

84针

花样D

20cm（70行）

后领边 40针

44针 前领边

袖片制作说明：

1. 棒针编织法。编织两个袖片，从袖口起织。

2. 起针。用2针下针，1针上针的罗纹起针法，起42针。

3. 编织袖口，将起针的42针，首尾闭合，进行环织，编织花样A罗纹花样，3针一组，一圈共14组罗纹，无加减针，编织36行的高度，在编织第36行时，作袖身加针行，每织3针时，加2针，一圈共加28针，一圈的针数加成70针。

4. 袖身的编织。加针后的针数为70针，将70针分配成6组花样a编织，花样a外的针数全织下针，花样图解见花样B，选余下的下针部分，中间两针作加针所在列，16-1-9，每列加9针，袖身织成88行的高度，一圈的针数为88针。

5. 将88针环织改成片织，加针所在列作织片的起织和终端，两端同时减针织袖山，先平收3针，再每织2行，两端各减1针减针行共56行，最后袖山余下28针，收针断线。

6. 以相同的方法去编织另一个袖片，将袖山与衣身的袖窿边对应缝合。

领片制作说明：

1. 棒针编织法。环织。

2. 起针。沿着缝合好的前衣领边，后衣领边，沿边挑针编织，前衣领边挑44针，后衣领边挑40针，编织花样D单罗纹针，无加减针编织70行的高度，收针断线，藏好线尾。

花样A

（衣摆罗纹图解）

一圈共78组罗纹

1组罗纹

一层花样a

1组花样a

花样B

（前片右侧袖窿及衣领减针图解）

平收33针

1圈共26组花样a

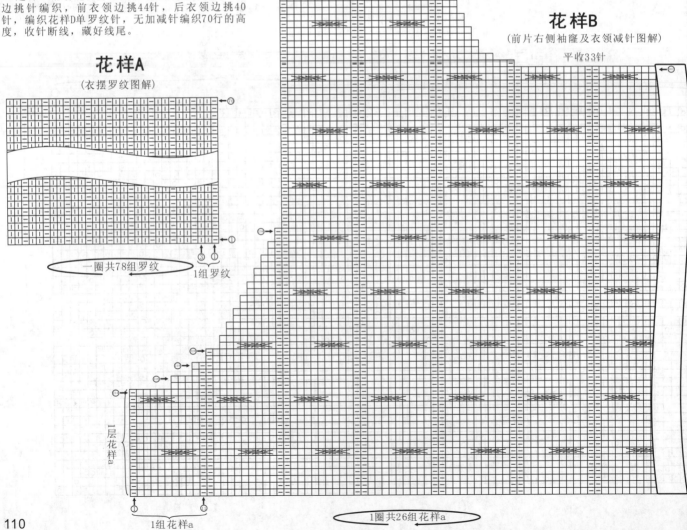

110

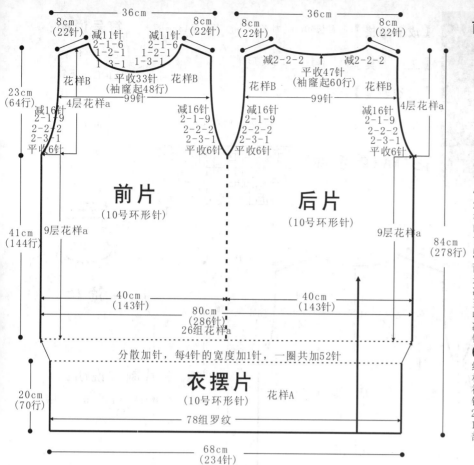

前片/后片/衣摆制作说明：

1.棒针编织法。袖隆以下一片编织完成，袖隆起分为前片、后片来编织，织片较大，可采用环形针编织，全用深紫色线来编织。

2.起针。用2针下针，1针上针的罗纹起针法，起234针。

3.编织衣摆片。将起针的234针，首尾闭合，进行环织，编织花样A罗纹花样，3针一组，一圈共78组罗纹，无加减针，编织70行的高度，在编织第70行时，作全片加针行，每织4针时，加1针，一圈共加52针，一圈的针数加成286针。

4.前片的编织。加针后的针数为286针，将286针分配成26组花样编织，花样图解见花样B，无加减针往上环织，当织成9层花样a时，即前片144行，将织片分成两半，一半为前片，一半为后片，每片的针数为143针。

5.将143针换到10号棒针上，先编织后片，两侧同时平收6针，再同时减针编织袖隆边，减针方法为2-3-1，2-2-2，2-1-9，共减掉16针，织片余下99针，继续编织，当织至袖隆算起的60行时，中间选取47针，直接收针收掉，两边相反方向减针，减2-2-2，减少4针，减针行共4行，肩部余下22针，收针断线。

6.将另一半的143针，换到10号棒针上，编织前片，前片两侧袖隆边的编织方法与后片相同，减针后，余下99针继续编织，当织至袖隆算起的48行后，中间选取33针，直接收针，两边相反方向减针，方法为1-3-1，1-2-1，2-1-6，两边各减少11针，减针行共织16行，最后两肩部各余下22针，与后片的肩部对应缝合。

花样C
（袖山减针图解）

花样D（单罗纹）

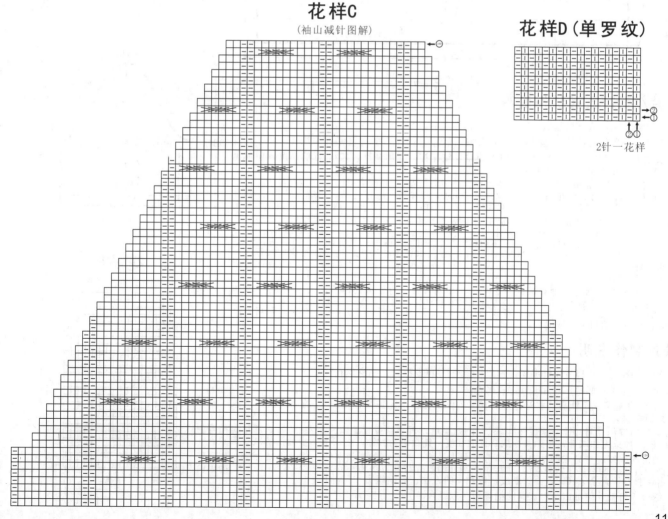

2针一花样

【成品规格】上衣长60cm，袖长24cm，下摆宽43cm

【工　　具】11号棒针，11号环形针

【编织密度】28针 3 9行=10cm²

【材　　料】段染长毛晴纶线600g，偏紫花色

符号说明：

□　上针

□=□　下针

2-1-3　行-针-次

↑　编织方向

紫色短袖毛衣

花样A（单罗纹）
（衣摆衣领袖口图解）

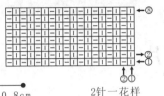

2针一花样

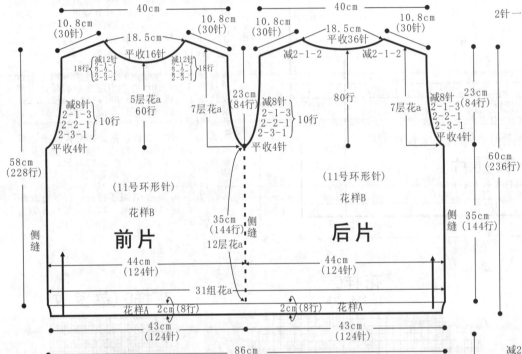

前片（11号环形针）花样B

后片（11号环形针）花样B

58cm（228行）

60cm（236行）

35cm（144行）侧缝

44cm（124针）

31组花a

花样A 2cm（8行） 2cm（8行） 花样A

43cm（124针） 43cm（124针）

86cm（248针）

领片（11号棒针）

30cm（120针）

后领挑50针 花样A

14cm（50针）

70cm

领片制作说明：

1．棒针编织法。用11号棒针编织，图解见花样A。

2．起针。沿着前后衣领边挑针，挑120针，前片挑70针编织，后片挑50针编织。

3．编织衣领。将120针分配成60组单罗纹花样，无加减针织50行的高度后，收针断线，藏好线尾。

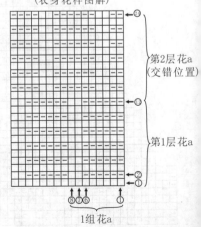

袖片（11号棒针）花样B

余16针

减28针 2-1-16 2-2-3 2-3-2

减28针 2-1-16 2-2-3 2-3-2

3.5层花a

平收4针 平收4针

9.5cm（42行）

22cm（90行）

12.5cm（48行）

24cm（98行）

4层花a

10组花 2cm（8行） 花样A

20cm（80针）

前片/后片/衣摆制作说明：

1．棒针编织法。从衣摆起织，织法简单，花样简单。

2．起针。单罗纹起针法，起248针，首尾连接，进入环织，用11号环形针编织。

3．衣摆编织。起针后，将248针分成124组单罗纹花样，无加减针，共织8行的高度，图解见花样A，然后进入下一步衣身的编织。

4．衣身的编织。完成衣摆编织后，将248针分成31组花a，每组共8针，每层花a共12行，织成12行后，进入第二层花a的编织，第二层花a的位置与第一层相交错，图解见花样b，如此重复，无加减针，将花a编织成12层的高度，共144行，进入下一步，袖窿以上的编织。

5．袖窿减针编织。织成144行后，将248针分成前片和后片各自编织，先编织后片，分片后改用11号棒针编织，将124针移到棒针上，从右侧起织，先平收4针，继续编织花a，织完后，返回织第2行，将前4针收针，余下116针继续编织，两侧同时减针编织，减针方法为2-3-1，2-2-1，2-1-3，两侧针数各减掉8针，后片余下100针继续编织，当织成袖窿起80行时，中间收针36针，两边相反方向减针，减2-1-2，各减掉2针，减针行织成4行，两肩部余下30针，收针断线。

6．前片的编织。前片的袖窿减针方法与后片相同，减针行织成10行后，余下100针继续编织，当织成袖窿算起的5层花a（60行）时，中间收针16针，两边相反方法减针，各减12针，方法为2-3-1，2-2-1，2-1-7，减针行织成18行，然后无加减针各织6行的高度后，两肩部余下30针，与后片的肩部对应缝合。

袖片制作说明：

1．棒针编织法。用11号棒针编织，袖口编织花样A单罗纹针，袖身织花样B。

2．起针。单罗纹起针法，起80针，首尾连接。

3．袖口的编织。起针后，将80针分成40组单罗纹花样，无加减针编织8行的高度后，进入下一步袖身的编织。

4．袖身的编织。将80针分配成10组花a，织成1层后，再交错位置编织一层花a，如此重复，袖身织4层花a，袖身无加减针，将袖身织成48行的高度，针数仍为80针，进入下一步袖山的减针编织。

5．袖山的编织。将完成的袖身对折，分成两半针数，选一侧的最边两针，作袖山减针所在列，环织改为片织，两端各平收4针，然后进入减针编织，减针方法为2-3-2，2-2-3，2-1-16，袖山两边各减掉28针，余下16针，收针断线，以相同的方法，再编织另一只袖片。

6．缝合。将袖片的袖山边与衣身的袖窿边对应缝合。

花样B
（衣身花样图解）

第2层花a（交错位置）

第1层花a

1组花a

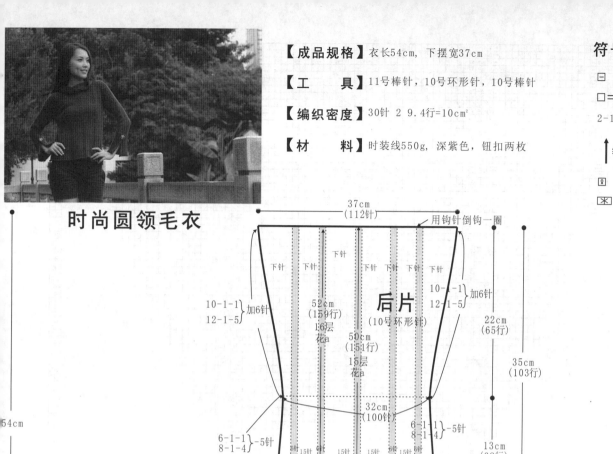

【成品规格】衣长54cm，下摆宽37cm

【工　　具】11号棒针，10号环形针，10号棒针

【编织密度】30针 2 9.4行=10cm²

【材　　料】时装线550g，深紫色，钮扣两枚

符号说明：

⊟　上针

□=⊡　下针

2-1-3　行-针-次

↑ 编织方向

⊡　扭针

⊠　两针交叉

时尚圆领毛衣

后片

37cm (112针)

用钩针倒钩一圈

下针　下针　下针　下针　下针　下针

10-1-1 12-1-5 加6针

10-1-1 12-1-5 加6针

22cm (65行)

35cm (103行)

52cm (159行) 1:6层 花a

50cm (151行) 15层 花a

(10号环形针)

32cm (100针)

6-1-1 8-1-4 -5针

6-1-1 8-1-4 -5针

13cm (38行)

15针 15针 15针 15针

编织方向

10针 35cm (110针) 10针

加5针 17cm (56行) 加5针

花样B

加2-1-27 插肩缝 加2-1-27

往返挑7针 22针

54cm

右袖片

左袖片

领口

13.5cm (42行)

13.5cm (42行)

4-1-4 6-1-7 15-1-2 减13针

4-1-4 6-1-7 15-1-2 减13针

加5针

加5针

26cm (88行)

26cm (88行)

28cm (86针)

28cm (86针)

17cm (56行)

17cm (56行)

挑稍收针缩55

稍挑收55缩针

20cm (60行)

20cm (60行)

30cm (68行)

30cm (68行)

上针

上针

59cm (144行)

59cm (144行)

20针

20针

1针 1针

2针 2针

(10号棒针)

4-1-4 6-1-7 15-1-2 减13针

花样C

加2-1-27 插肩缝

4-1-4 6-1-7 15-1-2 减13针

花样C

加2-1-27 插肩缝

加5针

加5针

往返挑7针 22针

向内侧挑7针

向内侧挑7针

12-1-1 10-1-2 加3针

6行平坦

12-1-1 10-1-2 加3针

6行平坦

扣子

前片

编织方向

10针 35cm (110针) 10针

加5针 17cm (56行) 加5针

花样B

15针 15针 15针 15针

6-1-1 8-1-4 -5针

6-1-1 8-1-4 -5针

13cm (38行)

32cm (100针)

50cm (151行) 15层 花a

52cm (159行) 1:6层 花a

(10号环形针)

10-1-1 12-1-5 加6针

10-1-1 12-1-5 加6针

22cm (65行)

35cm (103行)

54cm

下针　下针　下针　下针　下针　下针

37cm (112针)

用钩针倒钩一圈

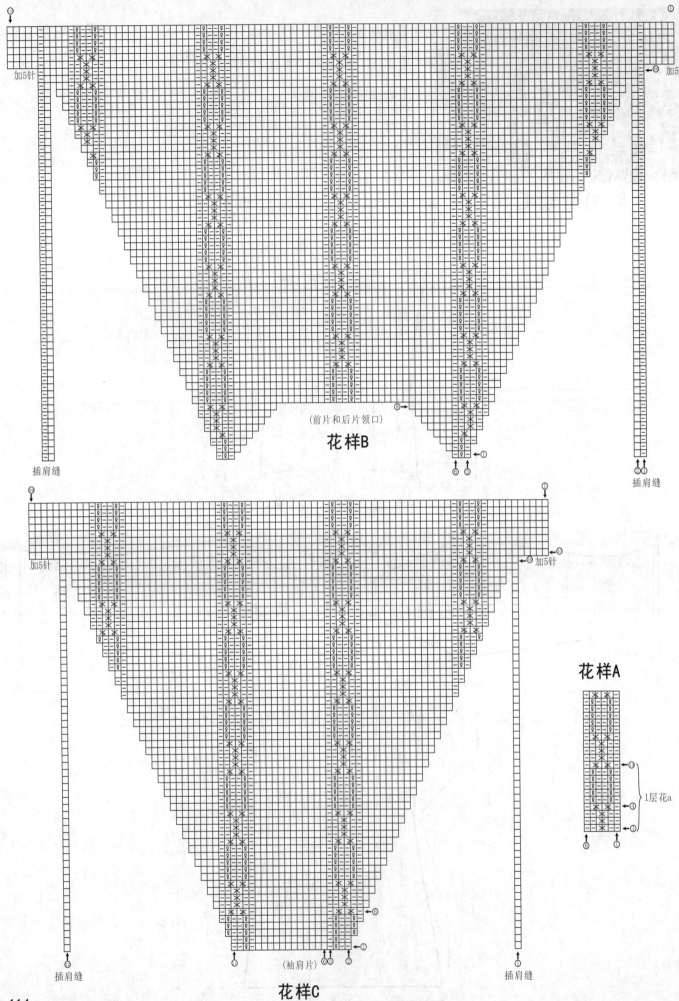

加5针

加5针

插肩缝

（前片和后片领口）

花样B

插肩缝

加5针

加5针

插肩缝

花样A

1层花a

（袖肩片）

插肩缝

花样C

114

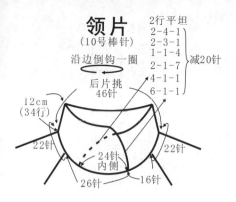

领片
（10号棒针）

2行平坦
2-4-1
2-3-1
1-1-4
2-1-7 }减20针
4-1-1
6-1-1

沿边倒钩一圈

后片挑
46针

12cm
（34行）

22针

24针
内侧

22针

26针   16针

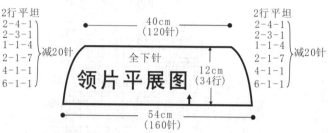

2行平坦
2-4-1
2-3-1
1-1-4
2-1-7 }减20针
4-1-1
6-1-1

40cm
（120针）

全下针

领片平展图

12cm
（34行）

54cm
（160针）

2行平坦
2-4-1
2-3-1
1-1-4
2-1-7 }减20针
4-1-1
6-1-1

领片制作说明：

1. 棒针编织法。很有中国风的领子！
2. 起针。沿着衣领边，挑160针，再在衣领内侧，挑24针，来回编织，正面织下针，返回织上针。
3. 编织衣领。两边同时减针，减针方法，从下而上，6-1-1，4-1-1，2-1-7，1-1-4，2-3-1，2-4-1，两边各减20针，接着无加减织2行，最后针数余下120针，收针。再用钩针，沿着开口边，倒钩一圈短针锁边。

前片/后片/衣袖片制作说明：

1. 棒针编织法。从衣领往下织，从两袖肩部起织。
2. 起针。下针起针法，起136针，先分配各片的针数，前片42针，后片42针，两袖肩片各20针，每片之间隔3针插肩缝，插肩缝的花样为1下1上1下，插肩的加针，就在两边的下针上进行，完成插肩加针后，紧贴前片或后片这边，将2针归为前片或后片，余下的1针归为袖肩片，下同。
3. 从袖肩片起织。先编织一边袖片，起针后，首尾连接，选取袖肩片20针和两边插肩缝各3针一起，共26针，来回编织，织2行后，织第3行，织至第26针时，再返回织至最后1针后，再挑起针的1针编织，如此重复，两边各挑7针，织8行，暂停这片袖肩片的编织，用线在对侧袖肩片，以同样的方法去编织至8行的高度，将两片之间的针数连接起来编织，两片编织变为一片环织，插肩缝加针编织，每个插肩缝每边各加27针，织行织成56行，然后分片，前片和后片各100针，两袖肩片各76针，将前片和后片用一根环形针穿过，两袖片各用一根环形针穿过。
4. 袖窿下的加针编织。前片从袖窿处起织，织至另一边袖窿下时，用单起针法，起10针，再接上前片继续编织，织至另一边袖窿下时，同样用单起针法，起10针，再连接上前片的起织处，这样，两袖窿下各加10针，这样，前片的针数变为110针，后片亦然，加针的10针、中间的2针，作衣身的两侧缝线，并在这2针所在列，进行加减针编织。
5. 衣身的编织。完成袖窿下的加针后，以第4步所说的2针加减针列，先减针编织，两侧缝进行减针，减针方法为6-1-1，8-1-4，每列减5针，每次一圈共减4针，减针行织成38行，衣身一圈针数为200针，然后进行加针编织，同在一针列上，进行加针，加针方法为10-1-1，12-1-5，每列加6针，加针行织成65行，一圈的针数为224针，衣摆宽37cm，最后用钩针，用线沿衣摆边倒钩一圈短针。
6. 袖片的编织。袖片针数少，不适合用环形针编织，将用环形针扣住的针数，移到同号棒直针上，用4根针编织，共86针，以袖窿下为分界点，两端各一根针，袖中编织一根针，袖窿下两根针，腋下这端，将前后片腋下所加成的10针，每根针各挑5针入织，袖片腋下各10针，挑完后，开始进行环织，加针的10针，取中间的2针作减针所在列，减针方法为4-1-4，6-1-7，15-1-2，减针行织成88行，余60针。
7. 袖口的编织。沿袖口边，稍微收缩，挑出55针，然后沿着内侧挑7针，针数共62针，来回编织，两边加针，方法为12-1-1，10-1-2，每边加3针，织成42行，然后无加减织2行，针数为68针，收针，再用钩针沿着开口的边，倒钩一圈短针锁边，并在袖口起织的重叠挑针处，钉上一个扣子装饰，同样的方法编织另一袖片。

清新无袖开衫

【成品规格】上衣长80cm，下摆宽57cm，无袖

【工　　具】10号棒针，10号环形针

【编织密度】17针 22行=10cm²

【材　　料】中粗晴纶线700g，米黄色，纽扣6枚

符号说明：

□　上针
□=① 下针
2-1-3 行-针-次
↑　编织方向

区 左并针
区 右上2针与左下1针交叉
区 左上2针与右下1针交叉
区 右上2针与左下2针交叉

扣眼制作说明：

1. 棒针编织法。此款衣服需制作6个扣眼。
2. 通过在一行收若干针，在下一行再将这些针重新起针，最后一针收针为扣眼的左侧部分，用单起针法起出的针形成扣眼的上部整齐边，在扣眼的对侧衣襟，钉上扣子。

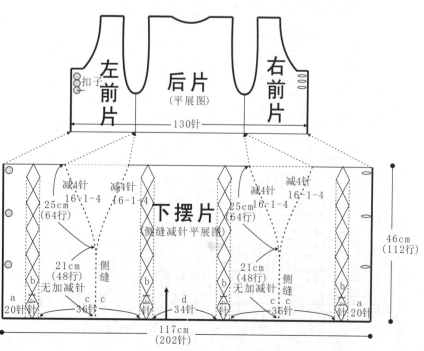

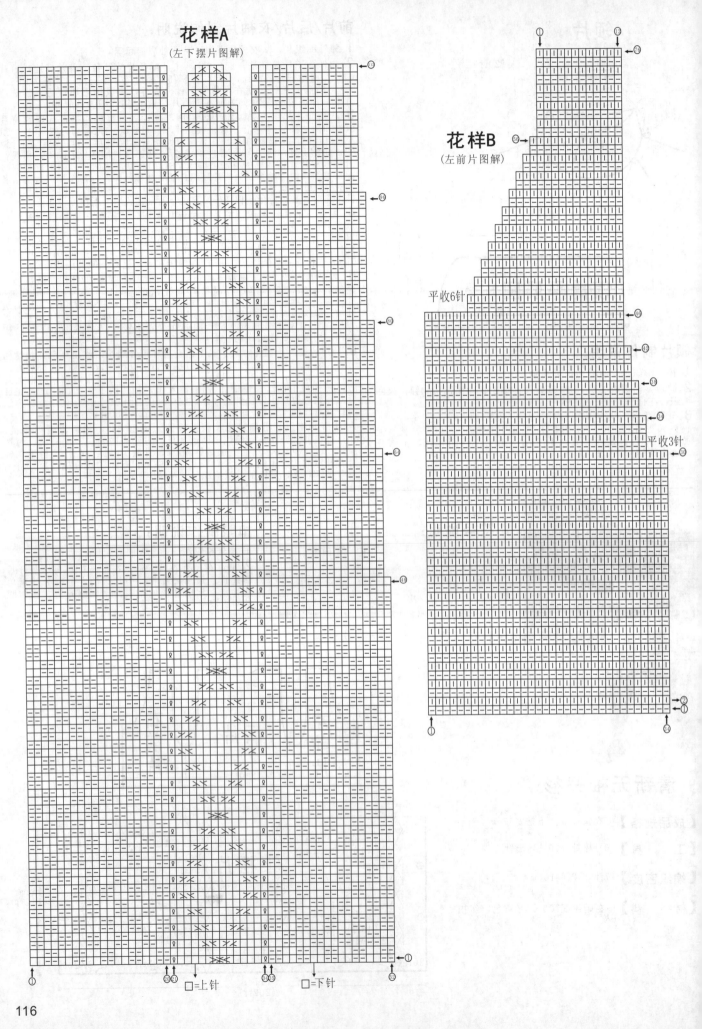

花样A
（左下摆片图解）

花样B
（左前片图解）

平收6针

平收3针

□=上针　　□=下针

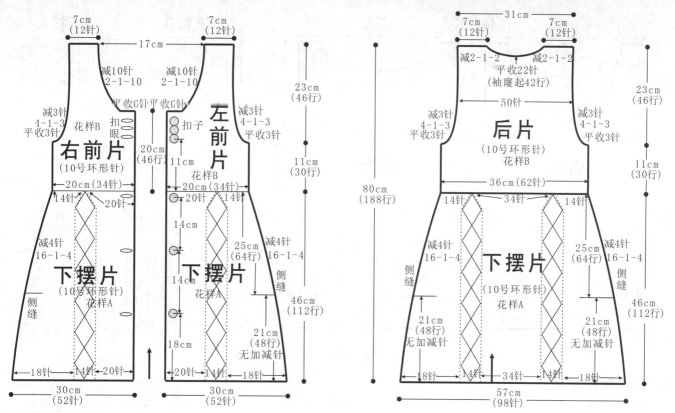

右前片（10号环形针）花样B
左前片
下摆片（10号环形针）花样A
后片（10号环形针）花样B
下摆片（10号环形针）花样A

7cm(12针) 17cm 7cm(12针)
减10针 2-1-10
减3针 4-1-3 平收3针
平收C针 平收C针
扣眼 扣子
花样B
20cm(46行) 11cm 花样B
20cm(34针) 20cm(34针) 20cm(34针)
14针 20针 20针 14针
14cm
减4针 16-1-4 25cm(64行) 减4针 16-1-4
下摆片 花样A 下摆片 花样A
14cm
侧缝
18cm 21cm(48行) 无加减针
18针 14针 20针 20针 14针 18针
30cm(52针) 30cm(52针)

23cm(46行) 11cm(30行) 80cm(188行) 46cm(112行)

7cm(12针) 31cm 7cm(12针)
减2-1-2 减2-1-2
平收22针(袖窿起42行)
减3针 4-1-3 平收3针 50针 减3针 4-1-3 平收3针
后片（10号环形针）花样B
36cm(62针)
14针 34针 14针
减4针 16-1-4 25cm(64行) 减4针 16-1-4
下摆片（10号环形针）花样A
侧缝
21cm(48行) 无加减针 21cm(48行) 无加减针
18针 14针 34针 14针 18针
57cm(98针)

23cm(46行) 11cm(30行) 46cm(112行)

衣服制作说明：

1. 棒针编织法。袖窿以下一片编织完成，袖窿起分为前片、后片来编织，织片较大，可采用环形针编织，全用米黄色线来编织。

2. 起针。用单罗纹起针法(不易卷曲)，起202针，再返回编织一行，共织成2行起针脚单罗纹花样。

3. 分配花样。根据花样A的花样，结合下摆片平展图中所示的abcd各部分所分配的针数，将202针依次分配成a20针，b14针，c36针，d34针。

4. 下摆片的编织。分配好各部分的针数后，往返编织，无加减针往上编织成48行的高度，在c部分，取36针的中间2针，作为减针的所在列，减针方法为16-1-4，在这2针所在列，各减少4针，这2针所在列，就是下摆片的侧缝，将织片分成前下摆片和后下摆片，减针部分共织成64行的高度。

5. 花样A的棒绞花样编织。下摆片共6层菱形棒绞花样，在编织最后一层时，上ربch部分要进行减针，见花样A图解，最后一行，棒绞花样减针后余下2针，在下一行改织花样B时，在第一行将这2针合并，相当于收针收掉，这样花样B的针数，由下摆片的36针，织成左前片和右前片的34针。

6. 按第5步的方法，起织花样B后，花样B即搓板针，全片的针数为130针，往返编织，织成30行时，将织片分成左前片、右前片和后片，左前片和右前片的针数各为34针，后片的针数为62针。

7. 先编织后片。取62针的针数到另一根棒针上，起织，先平收3针，再继续编织，至最后3针，也收针掉掉，返回编织后，两侧进行袖窿减针，各减3针，方法为4-1-3，最后余下的针数为50针，继续往返编织，不再减针，当织至袖窿算起的第42行时，织片中间选取22针，直接收针，两边余下的针数，内侧相反方向减针，2-1-2，各减掉2针，最后两肩部余下12针，收针断线。

8. 前片的编织，以右前片为例，将前片的34针换到一根棒针上，左侧袖窿边的编织方法与后片相同，前衣襟边的高度是织成36行的高度时，向左平收6针，再进行减针，减针方法为2-1-10，将前衣领边减掉10针，此时织成46行，再编织30行的高度后，将肩部与后片的肩部对应缝合。

修身V领毛衣

【成品规格】 衣长63cm，衣宽42cm，袖长61cm

【工　　具】 12号棒针，12号环形针

【编织密度】 24针 28行=10cm²

【材　　料】 蓝色棉线500g

符号说明：

符号	说明
□	上针
□=□	下针
⊞	铜钱花 2-1-3 行-针-次
⊠	左下1针与右上2针交叉
⊠	右下1针与左上2针交叉
⊠	左下2针与右上2针交叉
⊠	右下2针与左上2针交叉

袖片制作说明：

1. 棒针编织法。编织两片袖片，从袖口起织。

2. 起50针。编织20行花A，从第21行起改织10针花样D+30针花样C+10针花样D组合，一边织一边两侧加针，方法为10-1-10，织至102行，织片加至70针见结构图所示，接着就编织袖山，袖山减针编织，两侧同时减针，方法为1-3-1，2-1-23，两侧各减少26针，最后织片余下18针，收针断线。

3. 同样的方法再编织另一袖片。

4. 缝合方法：将袖山对应前片与后片的袖窿线，用线缝合，再将两袖侧缝对应缝合。

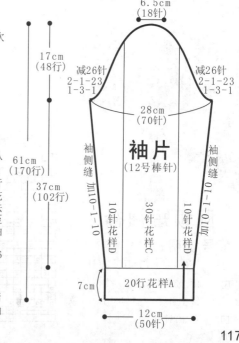

6.5cm(18针)
减26针 2-1-23 1-3-1
减26针 2-1-23 1-3-1
17cm(48行)
28cm(70针)
袖片（12号棒针）
袖侧缝 袖侧缝
61cm(170行)
加10-1-10 加10-1-10
10针花样D 30针花样C 10针花样D
37cm(102行)
7cm 20行花样A
12cm(50针)

117

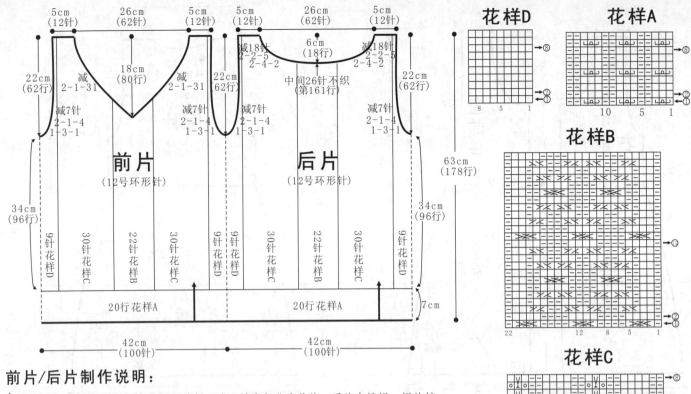

花样D

花样A

花样B

花样C

前片
（12号环形针）

后片
（12号环形针）

5cm（12针）　26cm（62针）　5cm（12针）　　5cm（12针）　26cm（62针）　5cm（12针）

22cm（62行）　18cm（80行）　减2-1-31

减18针　6cm（18行）　减2-2-5　2-4-2

中间26针不织（第161行）

减7针 2-1-4 1-3-1

63cm（178行）

34cm（96行）

34cm（96行）

9针花样D　30针花样C　22针花样B　30针花样C　9针花样D　9针花样D　30针花样C　22针花样B　30针花样C　9针花样D

20行花样A　　20行花样A

7cm

42cm（100针）　42cm（100针）

前片/后片制作说明：

1. 棒针编织法。袖窿以下一片环形编织而成，袖窿起分为前片、后片来编织，织片较大，可采用环形针编织。

2. 起织。下针起针法起200针起织，起织花样A，共织20行，从第21行起改织花样B、花样C、花样D组合，组合方式为9针花样D+30针花样C+22针花样B+30针花样C+9针花样D，然后同样的方法顺序织完余下的针数，织至96行，将织片分片，分为前片和后片，各取100针编织。先编织后片，而前片的针眼用防解别针扣住，暂时不织。

3. 分配后身的针数到棒针上，用12号针编织，起织时两侧需要同时减针织成袖窿，减针方法为1-3-1，2-1-4，两侧针数各减少7针，余下86针继续编织，两侧不再加减针，织至第161行时，中间留取26针不织，用防解别针扣住，两端相反方向减针编织，各减少18针，方法为2-4-2，2-2-5，最后两肩部余下12针，收针断线。

4. 前片的编织。起织时两侧需要同时减针织成袖窿，减针方法为1-3-1，2-1-4，两侧针数各减少7针，余下86针继续编织，两侧不再加减针，织至第99行时，将织片从中间分开左右两片分别编织，两侧相反方向减针织成衣领，减针方法2-1-31，两侧各减少31针，最后两肩部余下12针，收针断线。

5. 前片与后片的两肩部对应缝合。

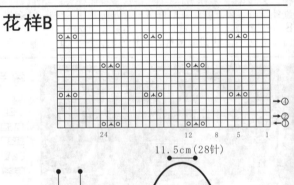

领片
（12号棒针）

6cm（16行）

领片制作说明：

1. 棒针编织法。一片编织完成。

2. 沿着前后衣领边挑针编织，织花样A，共织16行的高度，收针断线。

3. 将领口位置重叠缝合。

圆领短袖衫

符号说明：

□ 上针　　□=回 下针

⊠ 中上3针并1针

☑ 镂空针　　2-1-3 行-针-次

☒ 左上2针并1针

【成品规格】衣长74cm，下摆宽42cm，袖长23cm

【工　　具】12号棒针，12号环形针

【编织密度】24针 2 6行=10cm²

【材　　料】蓝色棉线500g

花样B

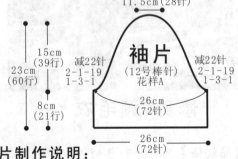

花样A

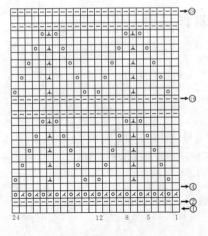

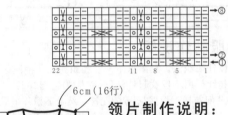

11.5cm（28针）

袖片
（12号棒针）
花样A

15cm（39行）　减22针 2-1-19 1-3-1

23cm（60行）

8cm（21行）

26cm（72针）

26cm（72针）

袖片制作说明：

1. 棒针编织法。编织两片袖片，从袖口起织。

2. 起72针，编织花样A，织至21行，从第22行起，编织袖山，袖山减针编织，两侧同时减针，方法为1-3-1，2-1-19，两侧各减少22针，最后织片余下28针，收针断线。

3. 同样的方法再编织另一袖片。

4. 缝合方法：将袖山对应前片与后片的袖窿线，用线缝合，再将两袖侧缝对应缝合。

118

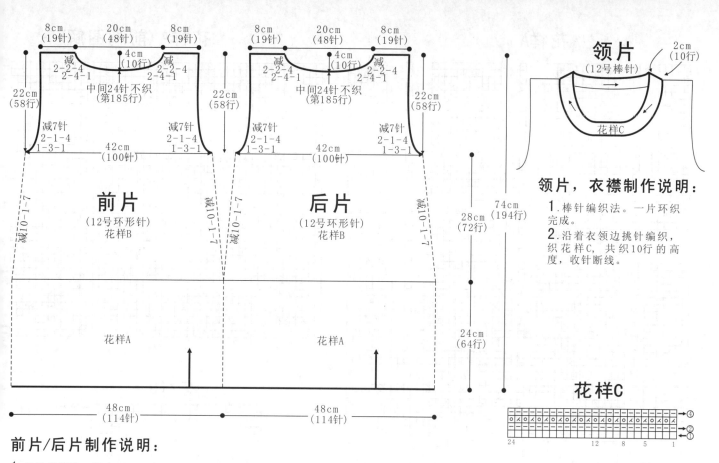

前片/后片制作说明：

1. 棒针编织法。袖窿以下一片环形编织而成，袖窿起分为前片，后片来编织，织片较大，可采用环形针编织。

2. 起织。下针起针法起228针起织，起织花样A，共织64行，从第65行起改织花样B，将织片分出前后片，各取114针，两侧缝两侧同时减针，方法为10-1-7，共减28针，织72行后，将织片分片，分为前片和后片，各取100针编织，先编织后片，而前片的针眼用防解别针扣住，暂时不织。

3. 分配后片的针数到棒针上，用12号针编织，起织时两侧需要同时减针织成袖窿，减针方法为1-3-1，2-1-4，两侧针数各减少7针，余下86针继续编织，两侧不再加减针，织至第185行时，中间留取24针不织，用防解别针扣住，两端相反方向减针编织，各减少12针，方法为2-4-1，2-2-4，最后两肩部余下19针，收针断线。

领片，衣襟制作说明：

1. 棒针编织法。一片环织完成。

2. 沿着衣领边挑针编织，织花样C，共织10行的高度，收针断线。

花样C

艳丽短袖衫

【成品规格】衣长76cm，下摆宽60cm，袖长24.5cm

【工　　具】13号棒针，13号环形针，1.25号钩针

【编织密度】30针 36行=10cm²

【材　　料】红色棉线600g

领片制作说明

1. 棒针编织法，一片环织完成。

2. 沿着衣领边钩织，织花样D，钩1行的高度，收针断线。

符号说明：

□	上针	□=□	下针
🔼	中上3针并1针		
◎	镂空针		
2-1-3	行-针-次		

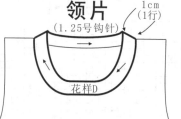

花样C

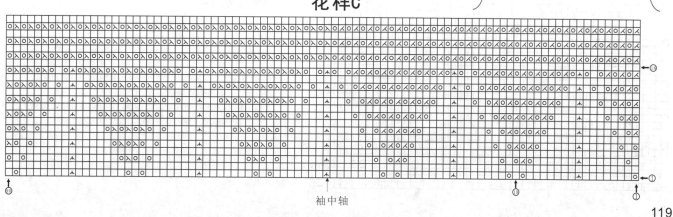

袖中轴

花样A

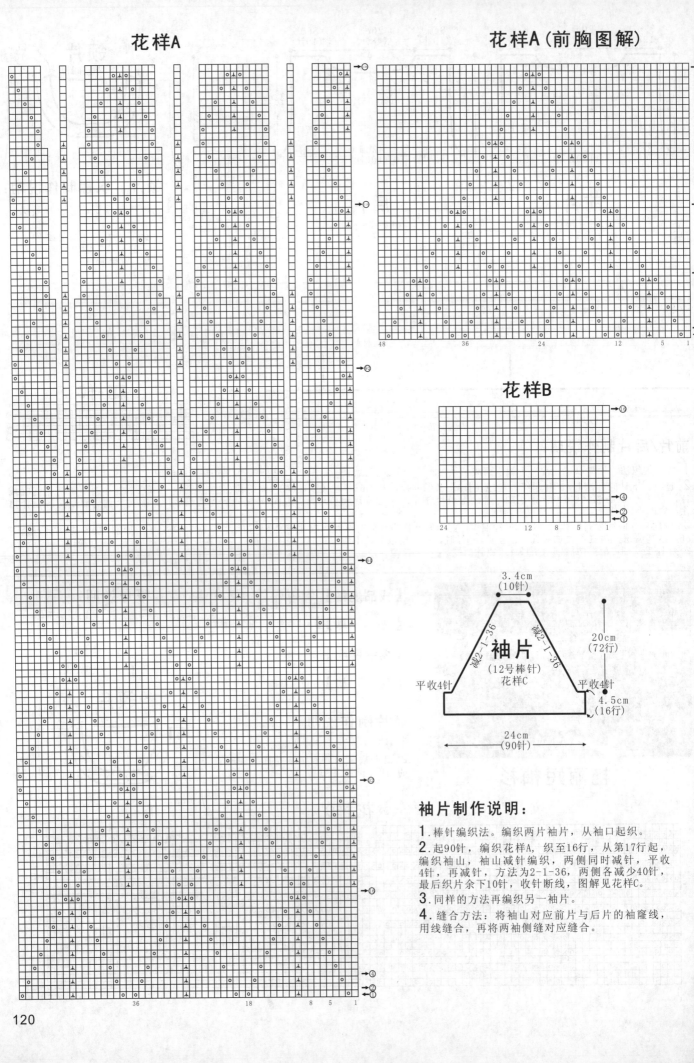

花样A（前胸图解）

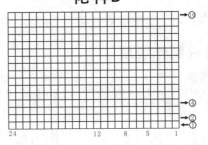

花样B

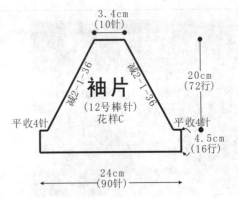

3.4cm
（10针）

袖片
（12号棒针）
花样C

减2-1-36

20cm
（72行）

平收4针　　　　　　　平收4针

4.5cm
（16行）

24cm
（90针）

袖片制作说明：

1. 棒针编织法。编织两片袖片，从袖口起织。

2. 起90针，编织花样A，织至16行，从第17行起，编织袖山，袖山减针编织，两侧同时减针，平收4针，再减针，方法为2-1-36，两侧各减少40针，最后织片余下10针，收针断线，图解见花样C。

3. 同样的方法再编织另一袖片。

4. 缝合方法：将袖山对应前片与后片的袖窿线，用线缝合，再将两袖侧缝对应缝合。

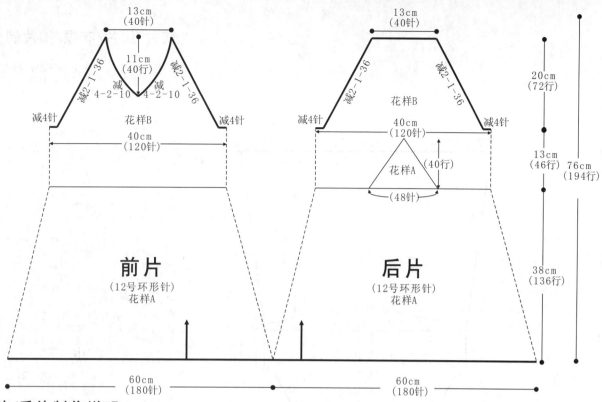

前片/后片制作说明：

1. 棒针编织法。袖窿以下一片环形编织而成，袖窿起分为前片、后片来编织，织片较大，可采用环形针编织。

2. 起织。下针起针法起360针，起织花样A，详细编织方法见花样A图解，共织136行，织片变为240针，第137行起改织花样A与花样B的组合，详细编织方法见花样A前胸编织图解，织至176行，改为全部编织花样B，织至182行，将织片分片，分为前片和后片，各取120针编织。先编织后片，而前片的针眼用防解别针扣住，暂时不织。

3. 分配后片的针数到棒针上，用13号针编织，起织时两侧需要同时减针织成插肩袖窿，减针方法为1-4-1，2-1-36，两侧针数各减少40针，共织72行，余下40针，收针断线。

4. 编织前片。起织时两侧与后身片一样减针织成插肩袖窿，织至32行时，将织片从中间分开，两侧减针织成前领，减针方法为4-2-10，共织72行后，断线。

【成品规格】 上衣长62cm，袖长29cm，下摆宽47cm

【工　　具】 13、15号棒针

【编织密度】 38针 4 4行=10cm²

【材　　料】 牛奶丝绒线350g，桃红色

俏皮短袖衫

符号说明：

□	上针
□=□	下针
2-1-3	行-针-次
↑	编织方向
⊠	上针左并针
⊙	镂空针
⊔⊓b	铜钱花

花样A

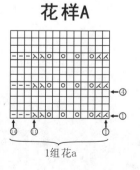

1组花a

花样C

（袖口铜钱花图解）

1组花b

花样D（搓板针）

2行一花样

1.棒针编织法。从上往下织，袖窿以上一片环织，袖窿以下分成前后片环织，袖片两个分别编织。

2.起针。用15号棒针起织，罗纹起针法，起160针，编织花样C，先编织4行罗纹针，再织4层铜钱花，共12行，3cm高。

3.衣领挑针编织。插肩缝为2针袖片两边各占1针，前片与后片两边各占1针，袖片共25针，加上前片与后片同侧的各1针，共27针起织，从160针选27针，来回编织，在前片与后片这边沿衣领挑针编织，按2-1-6，2-2-4，2-3-2的方法挑针，而插肩缝的2针两边，同时加针，方法为2-1-44，每边加44针，加针方法见花样B，加针的位置，每4针在同一个位置上，起织至衣领挑完针后，共20针，暂停一边编织，在衣领对侧，同样的方法编织衣领挑针和插肩缝加针，同时挑成20针后，将前后片衣领中间的15针全部挑起，开始环织，前片与后片的中间，织一个化a，然后继续插肩缝加针，每边加成44针后，衣服织成88行，一圈共552针。

4.前片和后片的编织。前片和后片各取143针，在腋下每边加20针，即前片的两边各加10针，后片的两边各加10针，加成326针，继续往下织，当织成44行的高度时，分散加针，一圈加38针，加成364针，分配成26个花a组织，然后无加减针编织33层花a的高度，改用15号棒针编织花样D搓板针，共织10行。

5.袖片的编织。衣身两边各余113针，在腋下挑前后片加针的20针，接上袖片起点，环织，在腋下两边，将加针的20针，分两边减针，减2-1-10，将10针减掉，针数为113针，共织成20行，改用15号棒针，编织花样C作袖口花样，共12行，同样的方法编织另一袖片。

（后片 diagram）

47cm
（182针）
花样D（15号棒针）
2cm（10行）
13个花a
34cm（132行）33层花a
后片
（13号棒针）
花样A
182针
分散加19针
39cm（163针）
10cm（44行）
加10针　加10针
下针
1个花a
27层花a
加2-1-44
53针
平挑15针
插肩缝花样B

（中部 diagram）

62cm

减2-1-10
3cm（12行）
加2-1-44
29cm（133针）
右袖片（13号棒针）
23cm（108行）
花样C
20cm（113针）
1针
23针
1针
加2-1-44
减2-1-10
加10针
插肩缝花样B
挑20针
2-3-2
2-2-4
2-1-6

衣领
起160针
（15号棒针）
花样C
3cm（12行）

1针
1针
23针
23cm（108行）
29cm（133针）
加2-1-44
左袖片（13号棒针）
花样C
20cm（113针）
3cm（12行）
减2-1-10
加2-1-44
加10针
减2-1-10

插肩缝花样B
挑20针
2-1-6
2-2-4
2-3-2
1针
平挑15针
53针
加2-1-44
1个花a
27层花a
下针

（前片 diagram）

加10针　加10针
39cm（163针）
10cm（44行）
分散加19针，
182针
前片
（13号棒针）
花样A
34cm（132行）33层花a
13个花a
花样D（15号棒针）
2cm（10行）
47cm（182针）
62cm

花样B

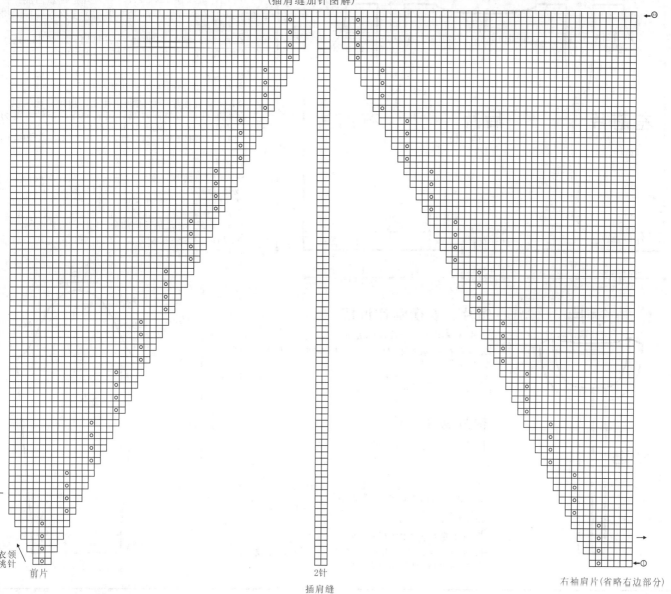

衣领挑针
前片

2针
插肩缝

右袖肩片(省略右边部分)

活力女生开衫

【成品规格】衣长54cm，下摆宽86cm，袖长58cm

【工　　具】11号棒针，11号环形针

【编织密度】18针 2 6行=10cm²

【材　　料】绿色棉线500g

花样A

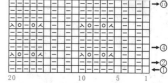

花样B

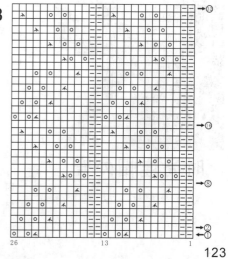

花样C

符号说明：

☐	上针
□=Ⅰ	下针
↗	左上3针并1针
↖	右上3针并1针
⊙	镂空针
↗	左上2针并1针
↘	右上2针并1针

2-1-3　行-针-次

123

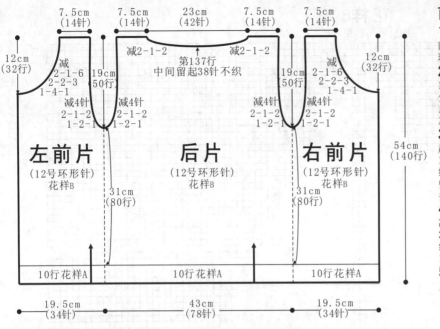

前片/后片制作说明:

1.棒针编织法。袖窿以下一片环形编织而成,袖窿起分为前片、后片来编织,织片较大,可采用环形针编织。

2.起织。单罗纹针起针法起146针起织,先织10行花样A,然后改织花样B,织至90行,将织片分片,分为左前片、后片、右前片编织,左右前片各取34针,后片取78针编织,先编织后片,而左右前片的针眼用防解别针扣住,暂时不织。

3.分配后身片的针数到棒针上,用11号棒针编织,起织时两侧需要同时减针织成袖窿,减针方法为1-2-1、2-1-2,两侧针数各减少4针,余下70针继续编织,两侧不再加减针,织至第137行,织片的中间留起38针不织,两侧各减针2针,最后两肩部各余下14针,收针断线。

4.编织左前片。起织时右侧需要减针织成袖窿,减针方法为1-2-1、2-1-2,右侧针数减少4针,余下30针继续编织,两侧不再加减针,织至第109行时,织片左侧减针织成前领,方法为1-4-1,2-2-3,2-1-6,共减16针,最后肩部余下14针,收针断线。

5.相同的方法相反方向编织右前片,完成后将前片与后片的两肩部对应缝合。

左前片
(12号环形针)
花样B

后片
(12号环形针)
花样B

右前片
(12号环形针)
花样B

7.5cm(14针) 7.5cm(14针) 23cm(42针) 7.5cm(14针) 7.5cm(14针)

12cm(32行)

减2-1-6 2-2-3 1-4-1

减2-1-2 第137行 中间留起38针不织 减2-1-2

19cm 50行

减4针 2-1-2 1-2-1

减4针 2-1-2 1-2-1

12cm(32行)

减2-1-6 2-2-3 1-4-1

19cm 50行

减4针 2-1-2 1-2-1

减4针 2-1-2 1-2-1

54cm(140行)

31cm(80行)

31cm(80行)

10行花样A 10行花样A 10行花样A

19.5cm(34针) 43cm(78针) 19.5cm(34针)

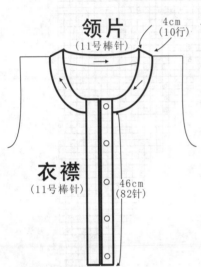

领片
(11号棒针)

4cm(10行)

衣襟
(11号棒针)

46cm(82针)

领片、衣襟制作说明:

1.棒针编织法,一片编织完成。

2.沿着衣领边挑针编织,织花样A,共织10行的高度,收针断线。

3.沿衣襟边挑针编织,挑起82针,编10行后收针断线,同样的方法挑织另一侧衣襟。

袖片制作说明:

1.棒针编织法。编织两片袖片,从袖口起织。

2.起40针,编织10行花样A,从第11行起改织花样B,一边织一边两侧加针,方法为14-1-7,加起的针数编织花样C,织至112行,织片加至54针见结构图所示,接着就编织袖山,袖山减针编织,两侧同时减针,方法为1-2-1、2-1-18,两侧各减少20针,最后织片余下14针,收针断线。

3.同样的方法再编织另一袖片。

4.缝合方法:将袖山对应前片与后片的袖窿线,用线缝合,再将两袖侧缝对应缝合。

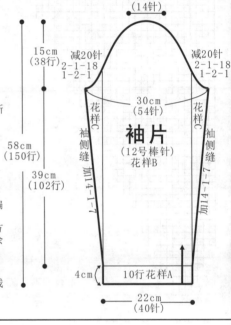

袖片
(12号棒针)
花样B

8cm(14针)

15cm(38行)

减20针 2-1-18 1-2-1

减20针 2-1-18 1-2-1

30cm(54针)

58cm(150行)

39cm(102行)

花样C 袖侧缝

花样C 袖侧缝

加14-1-7 加14-1-7

4cm 10行花样A

22cm(40针)

时尚连帽外套

【成品规格】衣长46cm,下摆宽44cm,袖长64cm

【工　　具】9号棒针

【编织密度】18针 3 4行=10cm²

【材　　料】普通棉线750g,土黄色

符号说明:

□　上针　 □=□　下针

2-1-3　行-针-次

↑　编织方向

⊡=⊞　1针编出3针的加针(上下上)

⊠　右并针

⊠　左并针

□　镂空针

袖片
(9号棒针)

3cm(17行)

加2-1-24 减2-1-40

64cm(128行)

10cm(19针) 加2 2 64

加2-1-24 减2-1-40

花样B 花样C

袖片制作说明:

1.棒针编织法。单独编织两片,从袖肩部起织。

2.起针。下针起针法,用9号棒针起针,起19针,来回编织。

3.袖山的编织。起织,像编织插肩袖一样,从上往下织,加针编织,第一行,第1、2针作插肩缝,始终织下针,然后加1针空针,再将第4、5、2针并为1针,向左并针,然后织6针下针,在第10针上,像左前片那样,1针加成3针,然后织6针下针,再将第16、17针,向右并针,然后加1针空针,最后2针为插肩缝,始终织下针。返回时,全织上针,第3行,在相同的位置上加针和并针,如此重复编织,当插肩缝这边加空针达到24针时,完成袖片的袖山加针编织。

4.袖身的编织。完成袖山后,开始编织袖身中间的1针加成3针的编织,继续进行,而两边加空针和并针的位置,并针继续进行,空针不再加针,这样,中间加多的2针,就在两边减掉,形成一个袖身始终相同宽度的形状,而袖口的斜边,也是如此形成。共织128行的袖身高度(从领边算起),然后袖口边编织花样C机织边,织法与门襟相同。

5.缝合。将袖片插肩缝边与前后片的插肩缝边缝合。

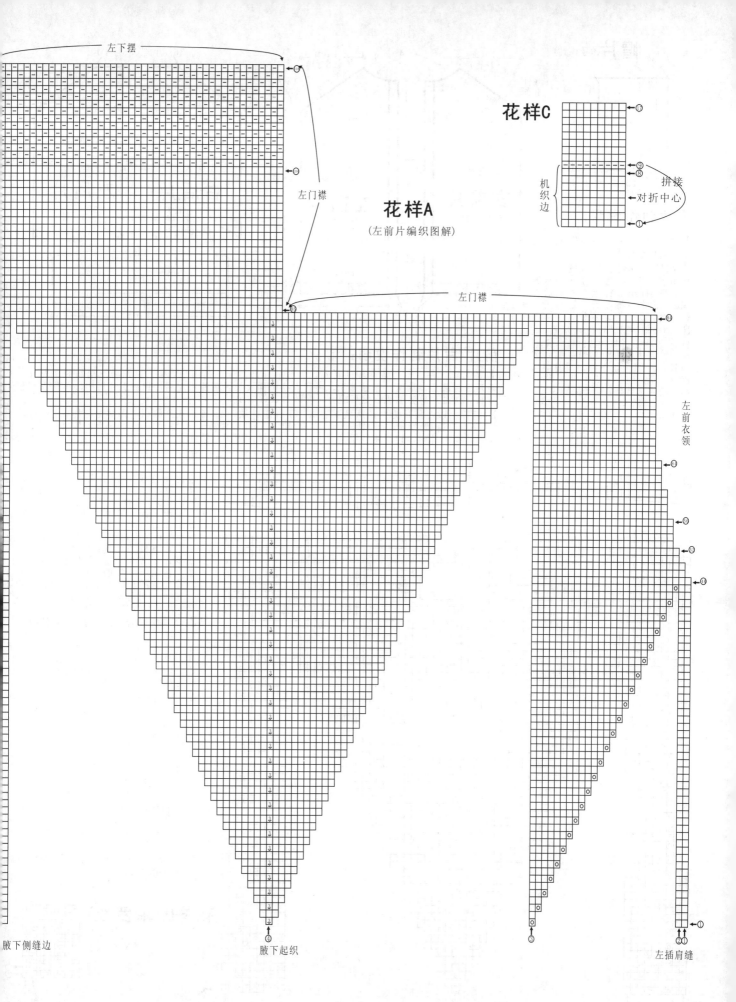

花样C

花样A

(左前片编织图解)

机织边

拼接

对折中心

左门襟

左下摆

左门襟

左前衣领

腋下侧缝边

腋下起织

左插肩缝

125

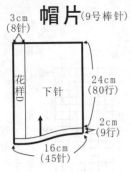

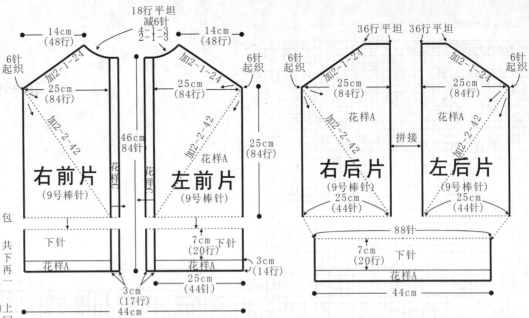

帽片 (9号棒针)

3cm
(8针)

花样D

下针

24cm
(80行)

2cm
(9行)

16cm
(45针)

帽片制作说明:

1. 棒针编织法。先编织机织包边,再编织帽片。

2. 起针。沿着衣领边挑针,共挑90针,来回编织,织4行下针,第5行织一行上针,然后再织4行下针,将最后一行与第一行缝合,完成包边衣领。

3. 编织帽子。在包边领边上的上针行,挑针,共挑成90针,来回编织,两边各选8针编织花样D单罗纹针,中间全织下针,重复编织80行的高度,从中间对称对折,将帽顶缝合。帽子完成。

18行平坦 减6针
4-1-3
2-1-3

14cm (48行)

14cm (48行)

6针起织
加2-1-24

25cm (84行)

加2-2-42

右前片 (9号棒针)

46cm 84针

花样A

左前片 (9号棒针)

25cm (84行)

6针起织

3cm (17行)

下针

花样A

7cm (20行) 下针

花样A

3cm (14行)

44cm

25cm (44针)

36行平坦

36行平坦

6针起织
加2-1-24

25cm (84行)

加2-2-42

右后片 (9号棒针)

花样A

拼接

花样A

左后片 (9号棒针)

25cm (84行)

加2-2-42

25cm (44针)

25cm (44针)

88针

7cm (20行) 下针

花样A

44cm

前片/后片制作说明:

1. 棒针编织法。这件衣服织法特别,但分解开来,无非是由几大块。是从腋下起织的,衣身由左前片、右前片,这两片单独编织,再往衣摆延伸衣长。后片由左后片和右后片拼接,再往衣摆延伸衣长。两袖片单独编织,然后缝合,帽片挑衣领编织。

2. 起针。以左前片为例,从腋下起织,下针起针法,起6针,来回编织,图解见花样A,第1行,织2针下针,加1针空针,织1针下针,在第4针上,1针加成3针,织法是在第4针眼上,织1针下针,1针上针,织上针时,记得将线绕到上面,再织上针,再织这第4针,这样,就在1针上加出2针。然后将第5针和第6针织下针。第1、2针作插肩缝,始终织下针,第5、6针作衣身侧缝边,始终织下针,第2行返回全织上针;第3行,第1、2针织下针,加1针空针,织3针下针,再1针加成3针,余下的全织下针,返回全织上针,如此重复编织。插肩缝这边加空针的针数达到24针时,不再加针,进行衣领边减针编织,减针方法为2-1-3,4-1-3,共减少6针,然后不加减针编织18行的高度。在编织衣领的同时,左边加针的位置,继续加针编织,与衣领编织同时进行,1针加成3针,共进行18次,与衣领这边编织的高度相同,共84行。

3. 下摆延伸编织。在1针加成3针的位置作分界,作门襟和衣领这端不再编织,作下摆这边,共44针,继续往下织下针,共织20行的高度,然后改织下摆边,桂花针花样,共织14行的高度,图解见花样A中的105～128行的图解。

4. 门襟的编织。完成下摆延伸编织后,这一步进行门襟编织,原来留针上的门襟的针数,沿着延伸下摆的门襟边挑针,共织23针,与原来针上的61针一起共84针,编织机织法,先编织8行下针,第9行编织上针,将第9针与第1行缝合,形成包边,然后继续织8行下针。门襟完成。

5. 相同的方法编织右前片。而后片也是由相同的两块组成,但是左右两片不编织门襟,而在加针完成后,先将两块拼接,再往衣摆延伸编织下针和桂花针衣边。

6. 缝合。左前片和右前片的侧缝与后片的侧缝缝合。

花样B (袖片图解)

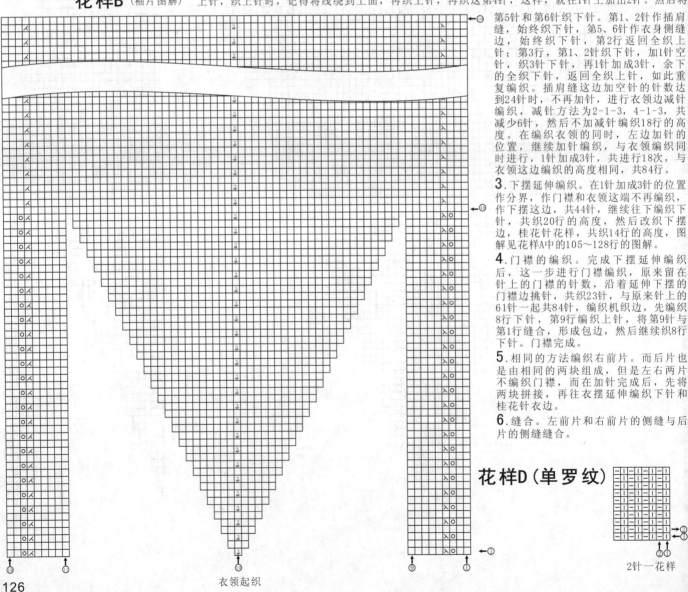

衣领起织

花样D (单罗纹)

2针一花样

【成品规格】衣长73cm，下摆宽45cm

【工　　具】10、11、12号棒针

【编织密度】28针 39行=10cm²

【材　　料】羊毛羊绒线700g，绿色

符号说明：

- ▢ 上针
- ▢=▢ 下针
- 2-1-3 行-针-次
- ☒ 右并针
- ▣ 镂空针
- ◩ 中上3针并1针
- ↑ 编织方向
- ▢ 扭针

秋之恋时尚毛衣

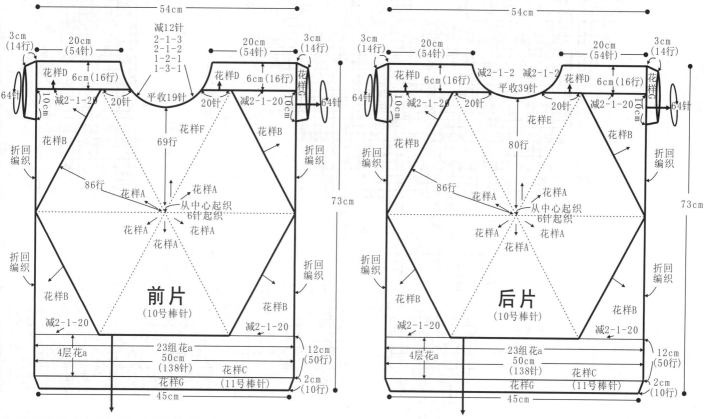

前片（10号棒针）

后片（10号棒针）

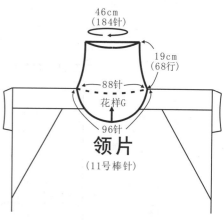

领片（11号棒针）

46cm（184针）
19cm（68行）
88针
96针
花样G

前片/后片/衣摆/袖片制作说明：

1. 棒针编织法。为5根针织法，由前片一片，后片一片拼接，再编织衣摆花样、肩部花样，最后编织袖口和衣领，前片和后片均用5根针编织，从中心起织。

2. 起针。起6针第2行加1倍针数，共12针，下针改织扭针，第3行再加1倍针数，共18针，图解见花样A，织图由6份花样A组成，依照花样A的图解，一圈一圈进行编织，当前片织成69圈时，作衣领这边花样，按照花样F的减针方法编织，即织衣领起，原来的圈圈改成来回编织，将衣领减针，而后片是编织成80圈时，才进行衣领减针，将花样F完，共86针，不收针，进入补角编织。

3. 补角编织。完成六角花样编织后，需要将位于肩部和下摆的两个角补织，形状为不等边三角形，肩线短，侧缝长，肩部采用收针的方法，每2行减1针共20次，而侧缝这边，采用折回编织方法，即织完第1行后，返回织一行，第3行在织到倒数第4针时，即折返编织，最后的3针留在线上，折回编织第4行，第5行同样在第4行的倒数第4针处，即折回编织第6行，如此重复，与肩部线同时进行编织，将肩部收针剩最后一针时，一次将侧缝这边的针数收针，断线，补4个角。

4. 肩部和下摆编织。收完肩部的边后，沿边挑针编织花样D，共挑54针，无加减针花样D，共织成16行，完成后收针断线，同样编织前后片的其他肩部，下摆往下编织，挑138针，将138针分配成23组花a，无加减针，编织50行的高度，共4层花a，最后改用11号棒针编织花样G双罗纹，共织10行的高度后，收针断线。

5. 拼接。将织好的前片和后片，肩部对应缝合，而侧缝这边，留取16cm的长度作袖口，其他边缝合。

6. 袖片的编织。沿着袖口挑针编织花样G双罗纹针，共挑64针编织，共织14行的高度后，收针断线。

7. 领片的编织。在前衣领边，挑96针，后衣领边挑88针，编织花样G双罗纹针，共织68行的高度后，收针断线。

花样E（后衣领边减针）

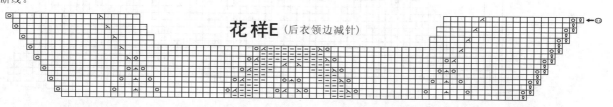

127

（中心一组花样图解，共六6组）

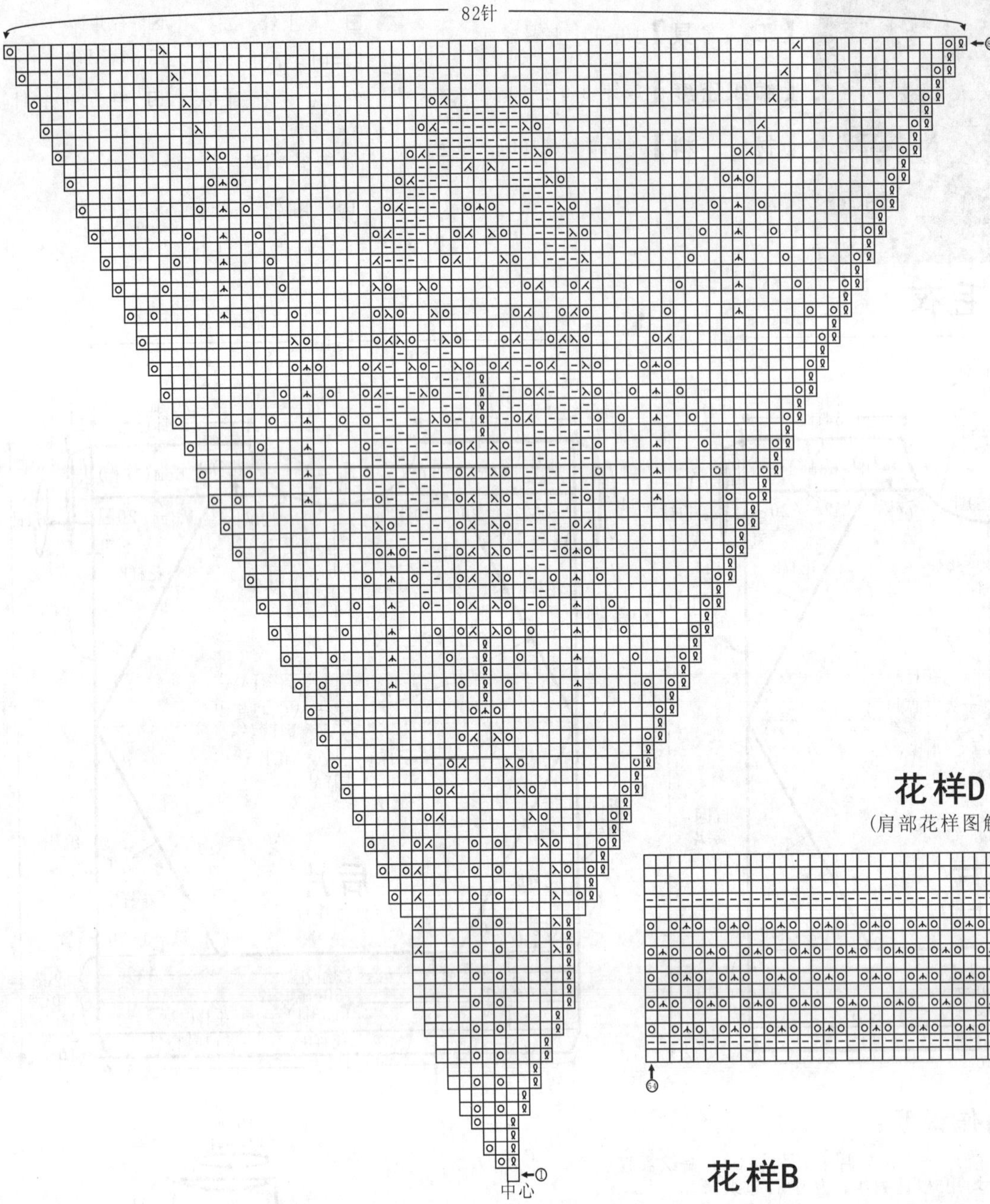

花样C
（衣身下摆花样图解）

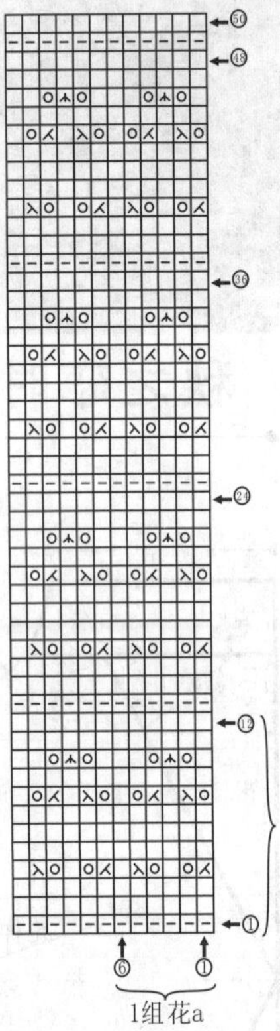

82针

花样D
（肩部花样图解）

中心

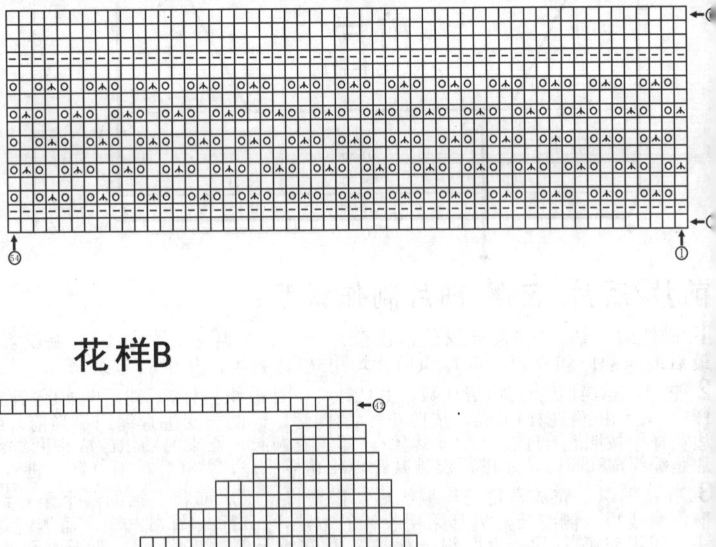

花样B

侧缝

折回编织

肩部或下摆

收针

1层花a

1组花a

82针

128

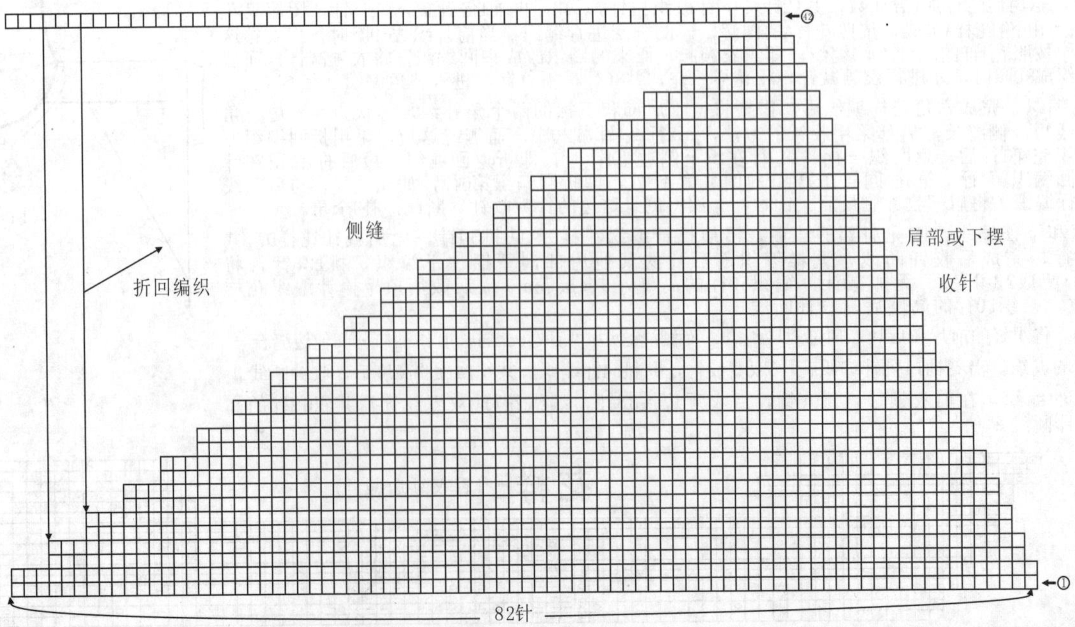

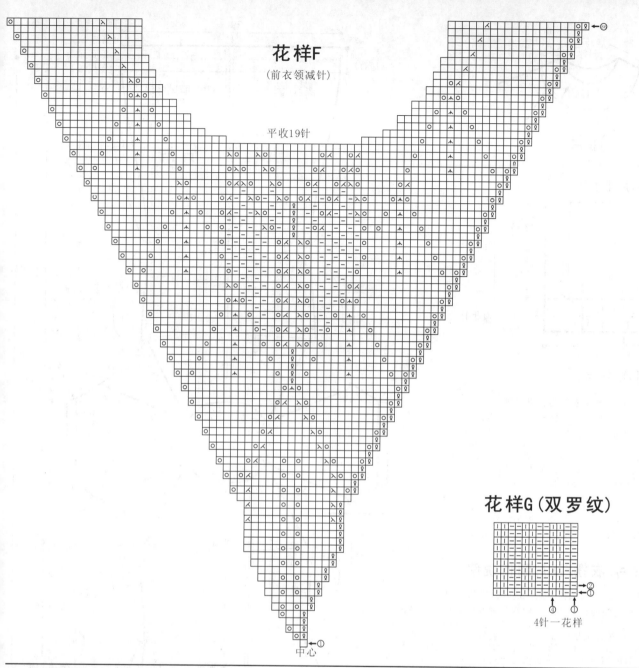

花样F
（前衣领减针）

平收19针

中心

花样G（双罗纹）

4针一花样

活力短袖毛衣裙

【成品规格】上衣长86cm，胸宽39cm，下摆宽59cm

【工　　具】11号棒针，11号环形针

【编织密度】25针 3 0行=10cm²

【材　　料】细纯棉线700g，绿色

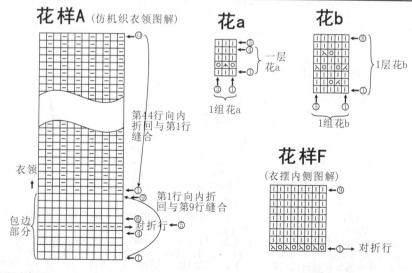

花样A（仿机织衣领图解）

衣领

第44行向内折回与第1行缝合

第1行向内折回与第9行缝合

包边部分

对折行

花a

一层花a

1组花a

花b

1层花b

1组花b

花样F
（衣摆内侧图解）

对折行

符号说明：

□ 上针　　☒ 右并针　　2-1-3　行-针-次　　回 空针

□=Ⅱ 下针　　☒ 3针并1针　　↑ 编织方向　　匝 右加针

匝 左加针

129

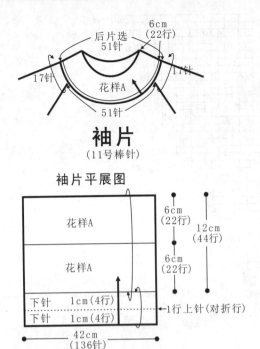

袖片
（11号棒针）

袖片平展图

花样A	6cm（22行）
花样A	6cm（22行）	12cm（44行）
下针 1cm（4行）	
下针 1cm（4行）	←1行上针（对折行）
42cm（136针）	

←1行上针（对折行）

领片制作说明：

1. 棒针编织法。本款衣领为仿机织领。

2. 起针。下针起针法，起136针，首尾连接。

3. 编织衣领包边。将起针的136针首尾连接后，起织下针，共织4行，第5行织一圈上针，第6行起全织下针，共织4行，此时衣领共织成9行，将第9行与起针的第1行，2针并1针缝合，但不收针，并针后的针数与起针相同，并针后的所在行，作为编织花样A的起始第1行。

4. 编织衣领。完成包边织后，从第1行起，改织花样A单罗纹针，共织44行，全程无加减针，完成后，将衣领向内翻折，第44行与第1行缝合，完成衣领的编织。

前片/后片/衣摆/袖片制作说明：

1. 棒针编织法。从衣领往下织，从两袖肩部起织。

2. 起针。在衣领的包边上，上针行位置挑针，先挑出17针，在两侧各选2针作加针所在列，织完17针，返回织一行，进入前后衣领边的加针，然后返回织一行，最后一针在衣领上挑1针，如此重复，加针图解见花样A、花样B和花样C，当后衣领完成挑针11针时，暂停一边袖片的编织，以同样的方法，编织另一边的袖片，同样后衣领挑针织成11针后，在后衣领包边上，余下的空间，做一行挑针，挑27针，再接上另一边袖片的编织，继续前衣领的挑针编织，当前衣领挑针数，到16针时，将衣领之间的空间做一行挑针，挑出17针，接上另一袖片的编织，此时，两片袖片编织单独编织，变为一片环织，继续参照花样A和花样B，还有袖片花样D的加针方法和花样图解编织。

3. 分片编织。当第2步加针编织成64行时，完成加针编织，一圈共400针，将400针分成前后衣身、两个袖身，前身片115针、后片115针、两袖85针，分别用两根环形针，将两袖片的针数扣住，暂时不织，先编织衣身部分。

4. 袖窿下的加针编织。前片从袖窿处起针，织至另一边袖窿下时，用单起针法，起4针，再接上后片继续编织，织至另一袖窿下时，同样用单起针法，起4针，再接上前片的起织处，这样，两袖窿下各加4针，这样，前片的针数变为119针，后片亦然，以加针的4针，中间的2针，作衣身的两侧缝边，并在这2针所在列，进行加减针编织。

5. 衣身的编织。完成袖窿下的加针后，以第4步所说的2针作加减针列，每编织12行的高度时，减1针，衣身一圈就减掉4针，共减6次针，减针行共织72行，第73行起，减针改为加针，同样，每织12行的高度，加1针，衣身一圈就加成4针，共加10次针，加针行共织成120行，可根据花样b的花样层数来算衣身编织的高度，加针行织成120行时，整个前片或后片的中间那列花样b，层数共32层，完成第32层时，将衣身无加减针，继续编织8行的高度，即第33层花样b时，此时，花样编织完成。最后一步是编织折回衣身缝合的衣摆边，完成33层花样b后，先一行织1行棒针狗牙针，再无加减8行下针，完成后，收针断线，以棒针狗牙针所在行对折，折回衣后缝合，图解见花样F，完成衣身编织。

6. 袖片的编织。袖片针数少，不适合用环形针编织，将用环形针扣住的针数，移动同号棒针上，用4根针编织，共85针，袖窿下为分界点，两端各一根针，袖中轴一根针，用袖窿下两根针，腋下这端，将前片片腋下所加的4针，每根挑起2针织成，挑完针后，开始进行环织，加针在两端，取中间的4针作袖窿所在列，依照花样D进行减针，各减7针，减针方法为6-1-5，4-1-2，袖片织成38行，织至最后一行时，依照花样D的并针方法，将针数并成64针，从下一行起，改织花样E单罗纹花样，共织12行的高度后，收针断线，完成一边袖片的编织，同样的方法，编织另一袖片。

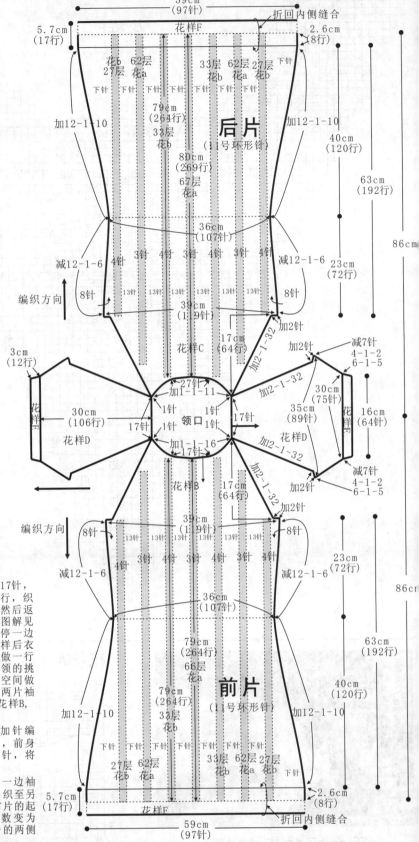

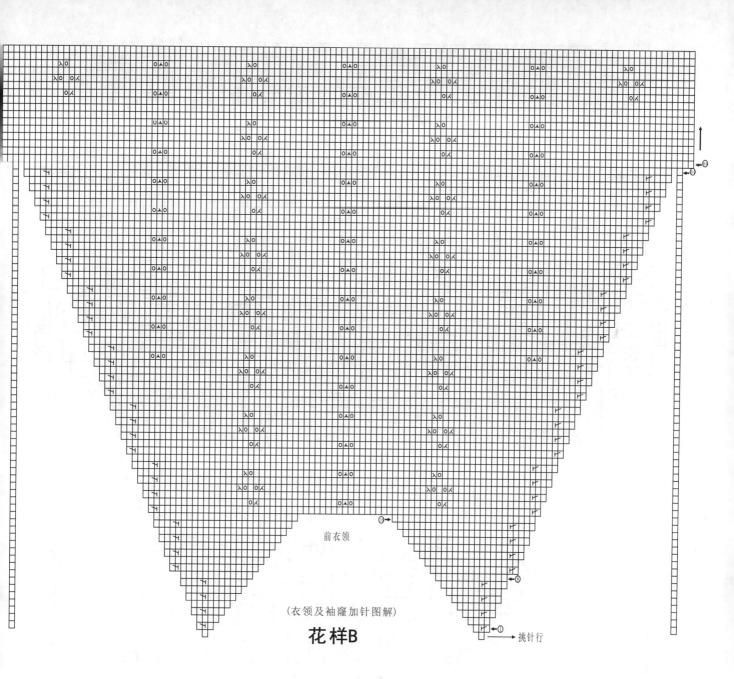

前衣领

（衣领及袖窿加针图解）

花样B

① → 挑针行

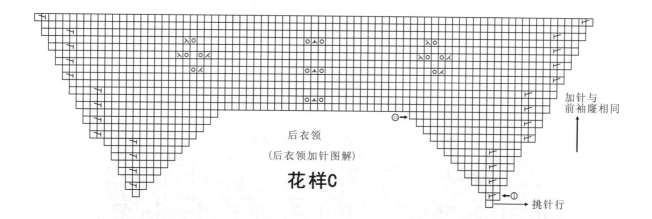

后衣领

（后衣领加针图解）

花样C

加针与
前袖窿相同

① → 挑针行

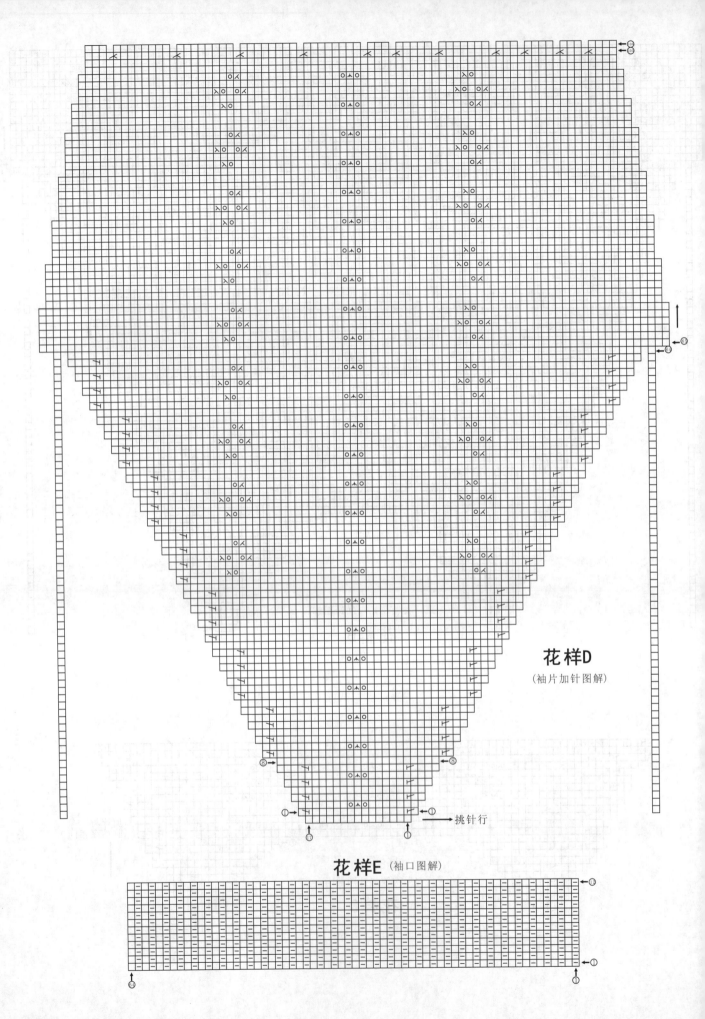

花样D
(袖片加针图解)

挑针行

花样E (袖口图解)

叶子花无袖衫

花样B

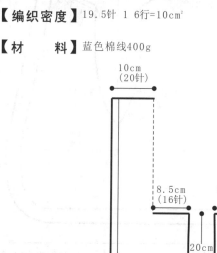

【成品规格】衣长59cm，下摆宽40cm

【工　　具】12号棒针，12号环形针

【编织密度】19.5针 1 6行=10cm²

【材　　料】蓝色棉线400g

符号说明：
- □　　上针
- □=① 　下针
- 🔺 　中上3针并1针
- ◎ 　镂空针
- 2-1-3 　行-针-次

花样A

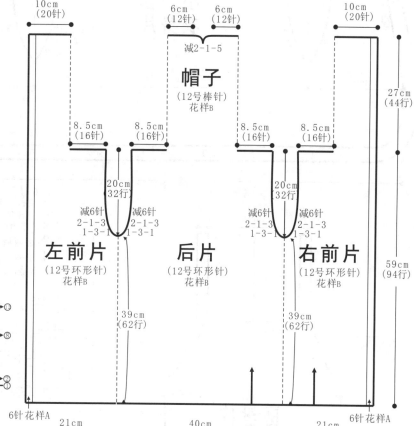

10cm（20针）

6cm（12针）　6cm（12针）

减2-1-5

帽子（12号棒针）花样B

8.5cm（16针）　8.5cm（16针）　　8.5cm（16针）　8.5cm（16针）

27cm（44行）

20cm 32行　　　20cm 32行

减6针 2-1-3 1-3-1　减6针 2-1-3 1-3-1　减6针 2-1-3 1-3-1　减6针 2-1-3 1-3-1

左前片（12号环形针）花样B　**后片**（12号环形针）花样B　**右前片**（12号环形针）花样B

59cm（94行）

39cm（62行）　　　39cm（62行）

6针花样A　　　　　　　　　　　　　　　　　　　　6针花样A

21cm（42针）　40cm（78针）　21cm（42针）

前片/后片制作说明：

1. 棒针编织法。袖窿以下一片环形编织而成，袖窿起分为前片、后片来编织，织片较大，可采用环形针编织。

2. 起织。下针起针法起162针起织，先织6针花样A，再织150针花样B，最后织6针花样A，重复往上编织，织至62行，将织片分片，分为左前片、后片、右前片编织，左右前片各取42针，后片取78针编织，先编织后片，而左右前片的针眼用防解别针扣住，暂时不织。

3. 分配后身片的针数到棒针上，用12号针编织，起织时两侧需要同时减针织成袖窿，减针方法为1-3-1、2-1-3，两侧针数各减少6针，余下66针继续编织，两侧不再加减针，织至第94行，织片的左右两侧各收针16针，余下34针留针待织帽子。

4. 编织左前片。起织时右侧要减针织成袖窿，减针方法为1-3-1、2-1-3，右侧针数减少6针，余下36针继续编织，两侧不再加减针，织至第94行时，织片右侧收针16针，余下20针留针待织帽子。

5. 相同的方法相反方向编织右前片，完成后将前片与后片的两肩部对应缝合。

6. 编织帽子。沿领口挑针起织，挑起64针织花样B，织34行后，将织片从中间分成左右两片单独编织，中间的两侧减针编织，方法为2-1-5，织至44行，最后左右各余下12针，收针，将帽顶缝合。

端庄两件套

【成品规格】小吊带衣长62cm，下摆宽37cm；小外套衣长35cm，下摆宽46cm

【工　　具】13号棒针、15号棒针

【编织密度】小吊带：32针 3 4.7行=10cm²；小外套：39针 3 5.4行=10cm²

【材　　料】带尔妃竹炭纤维350g

符号说明：
- □　　上针
- ⊠ 　左上2针并1针
- ◎ 　镂空针
- 🔺 　中上3针并1针
- □=① 　下针
- ⊠ 　右上2针并1针
- 2-1-3 　行-针-次

花样A

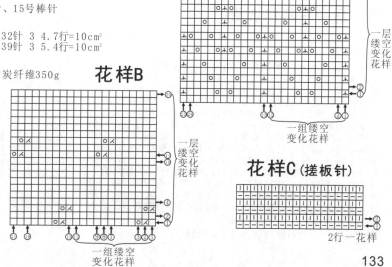

一层镂空变化花样

一组镂空变化花样

花样B

一层镂空变化花样

一组镂空变化花样

花样C（搓板针）

2行一花样

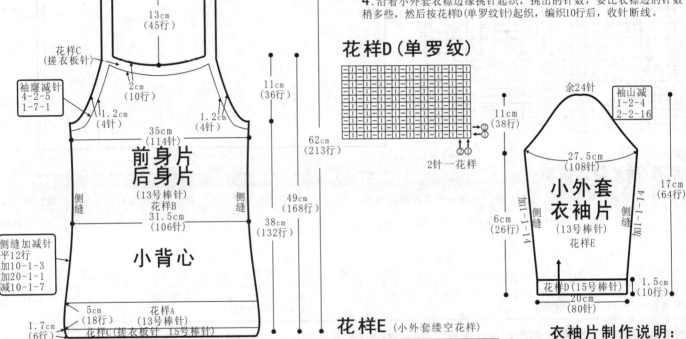

小外套衣身片 (13号棒针) 花样E

- 2cm (10行)
- 斜肩收针 2-6-4
- 7.7cm (30针)
- 22.6cm (96针)
- 7.7cm (30针)
- 斜肩收针 2-6-4
- 2cm (10行)
- 7.7cm (30针)
- 2cm (10行)
- 2-1-1 / 2-2-2
- 2-1-1 / 2-2-2
- 中间留86针不织
- 38cm (156针)
- 18.5cm (65行)
- 18.5cm (65行)
- 衣襟 减2-1-24
- 衣襟 减2-1-24
- 减12针 2-1-8 2-2-2
- 减12针 2-1-8 2-2-2
- 减12针 2-1-8 2-2-2
- 减12针 2-1-8 2-2-2
- 35cm (125行)
- 16.5cm (60行)
- 15cm (66针)
- 46cm (180针)
- 15cm (66针)
- 花样D (单罗纹针)
- 80cm (312针)

前身片 后身片 (13号棒针) 花样B

小背心

- 2cm (10针)
- 25cm (60针)
- 2cm (10针)
- 13cm (45行)
- 花样C (搓衣板针)
- 2cm (10行)
- 袖窿减针 4-2-5 1-7-1
- 1.2cm (4针)
- 1.2cm (4针)
- 35cm (114针)
- 31.5cm (106针)
- 侧缝
- 侧缝
- 11cm (36行)
- 62cm (213行)
- 49cm (168行)
- 38cm (132行)
- 侧缝加减针 平12行 加10-1-3 加20-1-1 减10-1-7
- 5cm (18行)
- 花样A (13号棒针)
- 1.7cm (6行)
- 花样C (搓衣板针 15号棒针)
- 37cm (120针)

花样D (单罗纹)
- 11cm (38行)
- 2针一花样

小外套 衣袖片 (13号棒针) 花样E
- 余24针
- 袖山减 1-2-4 2-2-16
- 11cm (38行)
- 27.5cm (108针)
- 17cm (64行)
- 侧缝 加1-1-14
- 侧缝 加1-1-14
- 6cm (26行)
- 花样D (15号棒针)
- 20cm (80针)
- 1.5cm (10行)

花样E (小外套缕空花样)

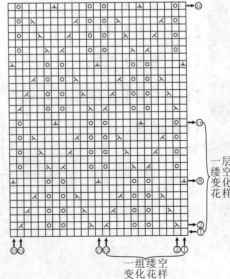

- 一层缕空变化花样
- 一组缕空变化花样

衣身片制作说明：

1. 衣身片袖部以下为一片编织，袖部以上分为3片编织，从衣摆起织，往上编织至肩部。

2. 衣身片用13号棒针起312针起织，按花样E缕空变化花样编织，缕空花样为12针16行一花样，共编织15组缕空变化花样，编织至16.5cm，即60行高度后，开始袖窿减针，并按图示分3片编织，先编织左、右身片，袖窿减针方法顺序为2-2-2，2-1-8，袖窿减少针数为12针，减针后，不加减针往上编织至117行，开始斜肩收针，收针方法顺序为2-6-4，最后剩下6针，收针断线，最后编织后身片，后身片袖窿减针与前身片同，编织至117行，开始斜肩收针，收针方法顺序为2-6-4，，同时编织至119行时，开始后衣领减针，中间预留86针不织，可以收针，亦可以留作编织衣领连接，可用防解别针锁住，减针方法顺序为2-2-1，2-1-1，最后两侧余下6针，收针断线，详细编织花样见花样C及花样E。

3. 将两肩部对应缝合。

4. 沿着小外套衣襟边缘挑针起织，挑出的针数，要比衣襟边的针数稍多些，然后按花样D(单罗纹针)起织，编织10行后，收针断线。

衣袖片制作说明：

1. 两片衣袖片，分别单独编织。

2. 用15号棒针80针起织，按花样D(单罗纹针)编织10行，往上用13号棒针按花样E均匀分布花样编织，两边按1-1-14方法加针，一直加针至108针，再不加减针往上编织2行后，开始袖山减针，详细编织花样见花样D、花样E。

3. 两侧同时减针，减针方法如图：依次2-2-16，1-2-4，最后余下24针，直接收针后断线。

4. 同样的方法再编织另一衣袖片。

5. 缝合将两袖片的袖山与衣身的袖窿线边对应缝合，再缝合袖片的侧缝。

前、后身片制作说明：

1. 小背心衣前、后身片编织方法同，各为一片编织，从衣摆起织，一直编织至肩部。

2. 前后身片用15号棒针起120针起织，按花样搓衣板针编织，编织6行高度后，往上用13号棒针按花样A缕空花样编织，12针一花样，共编织10组缕空变化花样，编织至24行后，往上按花样B编织，12针20行一花样，与下面花样A对应均匀分布，编织时，注意侧缝两边加减针的编织，加减针方法顺序为减10-1-7，加20-1-1，加10-1-3，平8行后，两侧的4针按搓衣板针编织，其余针花样不变，编织4行后，开始袖窿减针，减针时两侧的4针按原来的搓衣板针编织，减针的地方为袖窿减针内侧，袖窿减针方法顺序为1-7-1，4-2-5，袖窿减少针数为17针，减针后，不加减针往上编织5行，开始往上不加减针按花样C编织搓衣板针，编织10行后，除两侧各10针作为小吊衣的吊带往上编织，中间60针收针断线，两吊带继续往上编织13cm，即45行后，收针断线，详细编织花样见花样A、花样B及花样C。

3. 将前、后身片两侧缝及两带对应缝合。

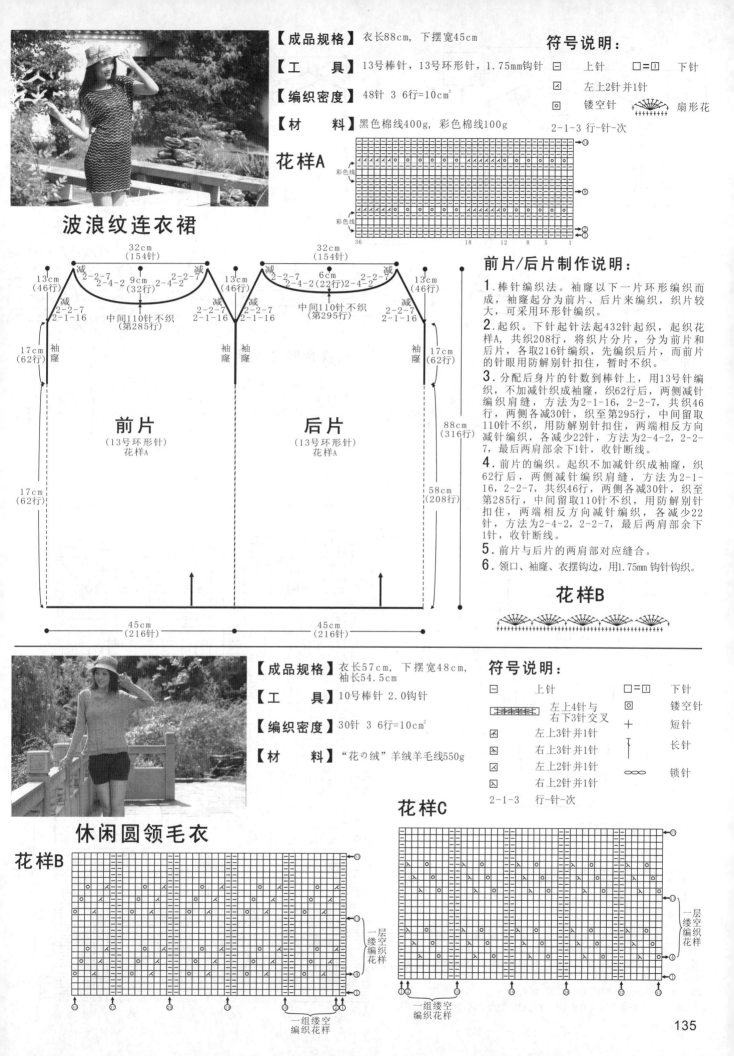

【成品规格】衣长88cm，下摆宽45cm

【工　　具】13号棒针，13号环形针，1.75mm钩针

【编织密度】48针 36行=10cm²

【材　　料】黑色棉线400g，彩色棉线100g

符号说明：

□　上针　　　□=□　下针

◲　左上2针并1针

◉　镂空针　　〰〰〰〰　扇形花

2-1-3 行-针-次

花样A

波浪纹连衣裙

32cm
（154针）
减 2-2-7
2-4-2 9cm 2-2-7 减
（32行）
13cm
（46行）

32cm
（154针）
减 2-2-7
2-4-2（22行）2-4-2 减
6cm
13cm
（46行）

13cm
（46行）
减
2-2-7
2-1-16
袖窿

中间110针不织
（第285行）

2-2-7
2-1-16

2-2-7
2-1-16

中间110针不织
（第295行）

减
2-2-7
2-1-16

13cm
（46行）

17cm
（62行）
袖窿

袖窿　袖窿

袖窿
17cm
（62行）

前 片
（13号环形针）
花样A

后 片
（13号环形针）
花样A

88cm
（316行）

17cm
（62行）

58cm
（208行）

45cm
（216针）

45cm
（216针）

前片/后片制作说明：

1. 棒针编织法。袖窿以下一片环形编织而成，袖窿起分为前片、后片来编织，织片较大，可采用环形针编织。

2. 起织。下针起针法起432针起针，起织花样A，共织208行，将织片分片，分为前片和后片，各取216针编织，先编织后片，而前片的针眼用防解别针扣住，暂时不织。

3. 分配后身片的针数到棒针上，用13号针编织，不加减针织成袖窿，织62行后，两侧减针编织肩缝，方法为2-1-16，2-2-7，共织46行，两侧各减30针，织至第295行，中间留取110针不织，用防解别针扣住，两端相反方向减针编织，各减少22针，方法为2-4-2，2-2-7，最后两肩部余下1针，收针断线。

4. 前片的编织。起织不加减针织成袖窿，织62行后，两侧减针编织肩缝，方法为2-1-16，2-2-7，共织46行，两侧各减30针，织至第285行，中间留取110针不织，用防解别针扣住，两端相反方向减针编织，各减少22针，方法为2-4-2，2-2-7，最后两肩部余下1针，收针断线。

5. 前片与后片的两肩部对应缝合。

6. 领口、袖窿、衣摆钩边，用1.75mm钩针钩织。

花样B

〰〰〰〰〰〰〰〰〰

【成品规格】衣长57cm，下摆宽48cm，袖长54.5cm

【工　　具】10号棒针 2.0钩针

【编织密度】30针 36行=10cm²

【材　　料】"花の绒"羊绒羊毛线550g

符号说明：

□　上针　　　　　□=□　下针

▦　左上4针与右下3针交叉

◲　左上3针并1针　　◉　镂空针

◱　右上3针并1针　　+　短针

◲　左上2针并1针　　|　长针

◣　右上2针并1针　　∞∞　锁针

2-1-3 行-针-次

休闲圆领毛衣

花样B

一层镂空编织花样

一组镂空编织花样

花样C

一层镂空编织花样

一组镂空编织花样

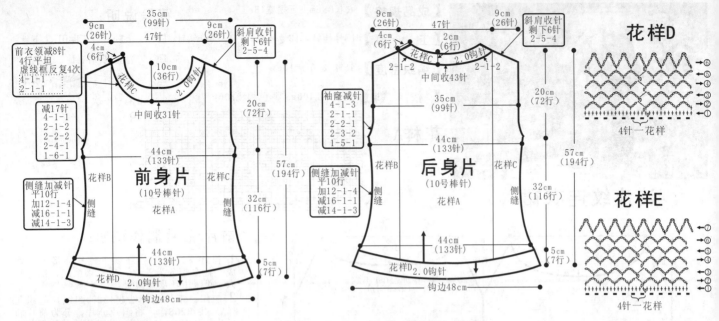

前身片制作说明：

1. 前身片分为一片编织，从下往上，一直编织至肩部。

2. 用10号棒针起133针起织，正中间47针为花样A编织，左边43针按花样B分布编织，右边43针按花样C分布编织，左右花样正好对称。往上按图解花样编织，侧缝加减针方法顺序为减14-1-3，加16-1-1，加12-1-4，平10行，共116行后，开始袖窿减针，方法顺序为1-6-1，2-4-1，2-2-2，2-1-1，4-1-1，减完针后，剩99针，不加减往上织，编织至152行时，开始前衣领减针，中间收31针，衣领侧减针方法顺序为2-1-1，4-1-1，反复4次，肩部剩26针，两肩部再往上织斜肩，方法为2-5-4，最后留下6针，收针断线，详细编织花样见花样A、花样B、花样C。

后身片制作说明：

1. 后身片为一片编织。从下往上，一直编织至肩部。

2. 后身片袖窿以下编织方法同前身片，编织至116行后，开始袖窿减针，方法顺序为1-5-1，2-3-2，2-2-1，2-1-1，4-1-3，减完针后，剩99针，不加减往上织，编织至180行时，开始两侧肩部各26针按2-5-4的方法编织斜肩，同时编织至182行时，开始后衣领减针，中间收43针，衣领侧减针方法顺序为2-1-2，斜肩编织完后，最后各剩6针，收针断线，详细编织花样见花样A、花样B、花样C。

3. 将前身片的侧缝与后身片的侧缝对应缝合，再将两肩部对应缝合。

4. 用2.0钩针，沿衣领边按花样D花样钩6行后，收针断线。

5. 用2.0钩针，沿衣摆边按花样E花样钩7行后，收针断线。

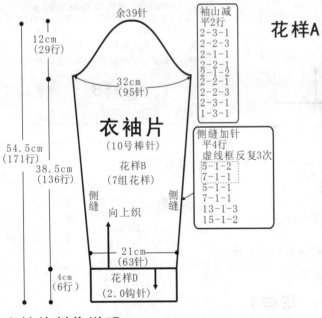

衣袖片制作说明

1. 两片衣袖片，分别单独编织。

2. 用10号棒针63针起织，先织一行下针，然后按花样B中的9针一组花样均匀分布花样编织，排7组花样，两侧加针方法顺序为15-1-2，13-1-3，7-1-1，5-1-1，5-1-1，5-1-2，7-1-1，5-1-2，7-1-1，5-1-2，平4行，共编织136行后，开始袖山减针。详细编织花样见花样B。

3. 袖山的编织：两侧同时减针，减针方法如图：依次1-3-1，2-3-1，2-2-3，2-2-1，2-1-1，2-2-1，2-1-1，2-2-3，2-3-1，平2行，最后余下39针，直接收针后断线。

4. 衣袖片下部分同衣领部分，按花样D花样用2.0钩针沿袖边钩6行后，收针断线。

5. 同样的方法再编织另一衣袖片。

6. 将两袖片的袖山与衣身的袖窿边对应缝合，再缝合袖片的侧缝。

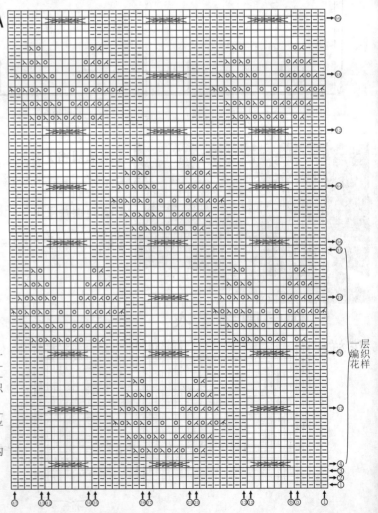

简约休闲毛衣

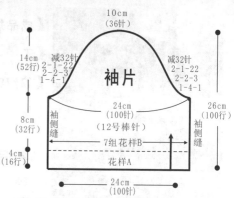

【成品规格】衣长72cm，下摆宽40cm，袖长26cm

【工　　具】12号棒针，12号环形针

【编织密度】32针37.5行=10cm²

【材　　料】灰色羊毛线600g，金属扣子7枚

前片/后片制作说明：

1.棒针编织法。分为左前片、右前片、后片来编织。

2.起织。先织后片，棒针起针法，用12号棒针起126针起织，织花样A双罗纹为衣边，共16行，从第17行起改织花样B，织到172行，见结构图所示，两侧同时减针织成袖窿，减针方法为1-4-1，2-2-2，2-1-6，两侧针数各减少14针，余下98针继续编织，两侧不再加减针，织至第262行中间留取38针用防解针穿起扣住，两端向相反方向减针编织，各减少8针，减针方法为2-2-4，最后两边肩部各余下22针，收针断线。

3.左前片与右前片的编织。两者编织方法相同，但方向相反，以右前片为例，右前片的左侧为衣襟边，起织时不加减针，右侧要减针织成袖窿，减针方法为1-4-1，2-2-2，2-1-6，针数减少14针，余下44针继续编织，当衣襟侧编织至244行时，织片向右减针织成前衣领，减针方法为1-12-1，2-2-2，2-1-8，将针数减22针，肩部余下28针，收针断线，左前片的编织顺序与减针法与右前片相同，但是方向不同。

4.前片与后片的两肩部对应缝合。

袖片制作说明：

1.棒针编织法。编织两片袖片，从袖口起织。

2.用12号棒针起100针，编织16行花样A，即双罗纹花样，从第17行起改织花样B，见结构图所示，然后往上编织，两侧同时加针，加3-1-16，两侧的针数各增加16针，将织片织成116针，织到48行，接着就编织袖山，袖山减针编织，两侧同时减针，方法为1-4-1，2-2-3，2-1-22，两侧各减少32针，最后织余下36针，收针断线。

3.同样的方法再编织另一袖片。

4.缝合方法:将袖山对应前片与后片的袖窿线，用线缝合，再将两袖侧缝对应缝合。

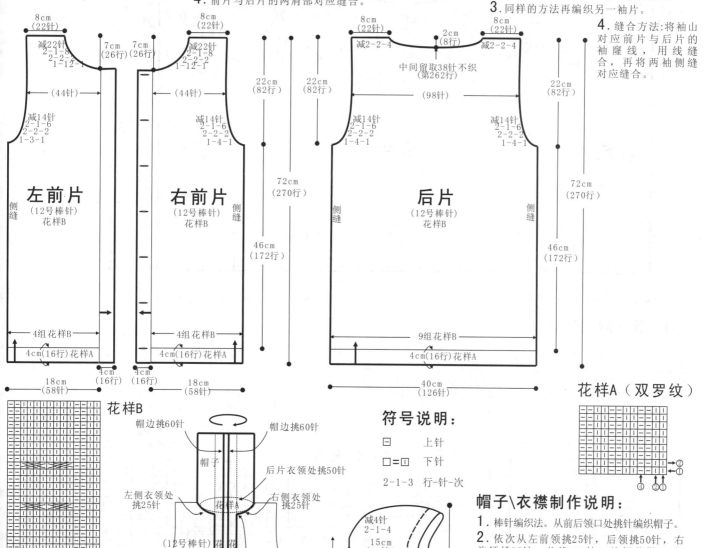

袖片

10cm（36针）

14cm（52针）减32针2-1-22 1-4-1

减32针2-2-3 1-4-1

24cm（100针）（12号棒针）

7组花样B

8cm（32行）袖侧缝

4cm（16行）花样A

24cm（100针）

袖侧缝

26cm（100行）

8cm（22针） 8cm（22针）

7cm（26行） 7cm（26行）

减22针 2-1-8 2-2-2 1-12-1

（44针）

减14针 2-1-6 2-2-2 1-3-1

左前片
（12号棒针）
花样B

侧缝

4组花样B

4cm（16行）花样A

18cm（58针）

4cm（16行）

右前片
（12号棒针）
花样B

侧缝

4组花样B

4cm（16行）花样A

18cm（58针）

4cm（16行）

22cm（82行） 22cm（82行）

72cm（270行）

46cm（172行）

8cm（22针） 2cm（8针） 8cm（22针）

减2-2-4 减2-2-4

中间留取38针不织（第262行）

减14针 2-1-6 2-2-2 1-4-1

（98针）

后片
（12号棒针）
花样B

侧缝 侧缝

9组花样B

4cm（16行）花样A

40cm（126针）

22cm（82行）

72cm（270行）

46cm（172行）

花样A（双罗纹）

花样B

符号说明：

□ 上针

□=□ 下针

2-1-3 行-针-次

帽边挑60针 帽边挑60针

帽子

后片衣领处挑50针

左侧衣领处挑25针 右侧衣领处挑25针

花样A

（12号棒针）花样B

衣襟
（12号棒针）

72cm（252行）

4cm（16行）

减4针 2-1-4

15cm（50针）

帽子

15cm（56行）

17cm（64行）

帽子从衣领处挑针编织

帽子\衣襟制作说明：

1.棒针编织法。从前后领口处挑针编织帽子。

2.依次从左前领挑25针，后领挑50针，右前领挑25针，共挑100针，编织花样B，织到56行时将针数分为两半，各50针，两边分别减出帽子顶角的弧度，见结构图所示，减针方法为2-1-4。

3.减针后将两边针数相对收针。

4.衣襟编织。用12号环形针将左衣襟挑252针，连续挑帽子的边120针，再挑右衣襟252针，共挑624针，编织花样A即双罗纹花样16行，收针。

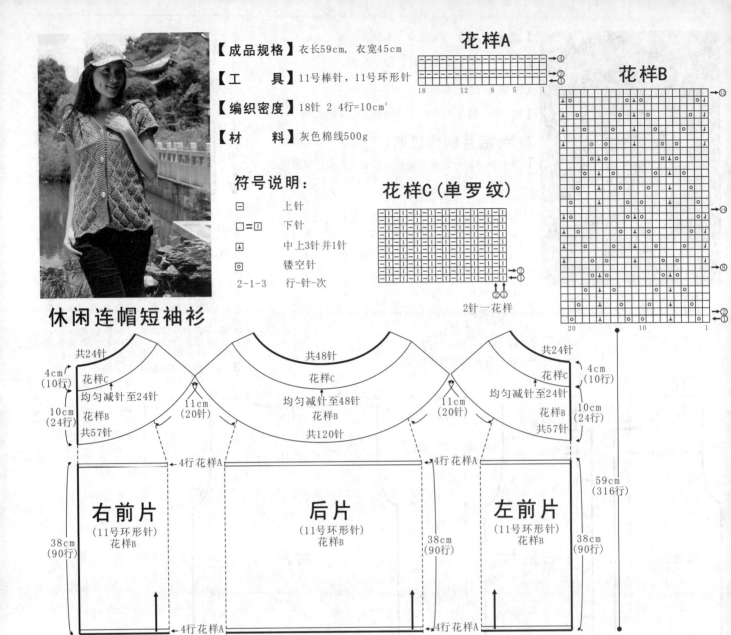

【成品规格】衣长59cm，衣宽45cm

【工　　具】11号棒针，11号环形针

【编织密度】18针 24行=10cm²

【材　　料】灰色棉线500g

符号说明：

□　　上针

□=①　下针

⚄　　中上3针并1针

⊡　　镂空针

2-1-3　行-针-次

花样A
花样B
花样C（单罗纹）

2针一花样

休闲连帽短袖衫

共24针　　共48针　　共24针
4cm（10行）　　花样C　　花样C　　花样C　　4cm（10行）
均匀减针至24针　　均匀减针至48针　　均匀减针至24针
11cm（20针）　　11cm（20针）
10cm（24行）　　花样B　共57针　　花样B　共120针　　花样B　共57针　　10cm（24行）

4行花样A　　4行花样A

右前片（11号环形针）花样B　　**后片**（11号环形针）花样B　　**左前片**（11号环形针）花样B

59cm（316行）

38cm（90行）　　38cm（90行）　　38cm（90行）

4行花样A　　4行花样A

20.5cm（37针）　　45cm（80针）　　20.5cm（37针）

前片/后片制作说明：

1. 棒针编织法。袖窿以下一片编织而成，袖窿起分为左前片、后片、右前片来编织，织片较大，可采用环形针编织。

2. 起针。下针起针法起154针起织，先织4行花样A，然后改织花样B，每10针一个单元花，共15个单元，对称分布，织至86行，改织4行花样A，然后将织片分片，分为左前片、后片和右前片，左右前片各37针，后片取80针编织。

3. 先挑织左前片的37针，然后加起40针，作为左袖片，再挑织后片80针，然后加起40针作为右袖片，最后挑织右前片37针，反复往上编织，一边织一边均匀减针，减针方法如图所示，共织24行，织片余下96针，改织花样C，织10行后，开始编织帽子。

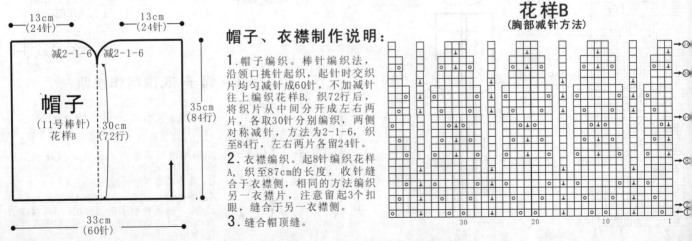

13cm（24针）　　13cm（24针）

减2-1-6　　减2-1-6

帽子（11号棒针）花样B

35cm（84行）

30cm（72行）

33cm（60针）

花样B
（胸部减针方法）

帽子、衣襟制作说明：

1. 帽子编织。棒针编织法，沿领口挑针起织，起针时交织片均匀减针成60针，不加减针往上编织花样B，织72行后，将织片从中间分开成左右两片，各取30针分别编织，两侧对称减针，方法为2-1-6，织至84行，左右两片各留24针。

2. 衣襟编织。起8针编织花样A，织至87cm的长度，收针缝合于衣襟侧，相同的方法编织另一衣襟片，注意留起3个扣眼，缝合于另一衣襟侧。

3. 缝合帽顶缝。

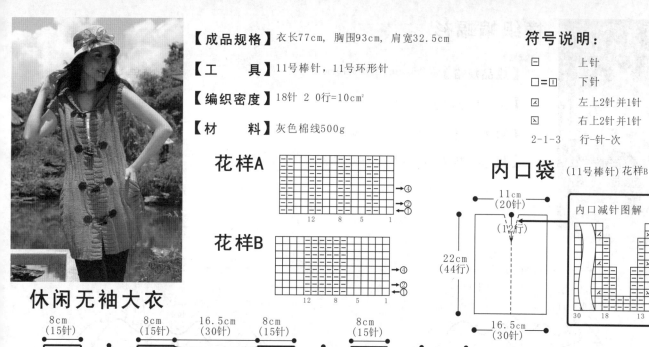

【成品规格】衣长77cm，胸围93cm，肩宽32.5cm

【工　　具】11号棒针，11号环形针

【编织密度】18针 20行=10cm²

【材　　料】灰色棉线500g

符号说明：

□　　上针

□=□　　下针

☑　　左上2针并1针

☒　　右上2针并1针

2-1-3　　行-针-次

花样A

```
12    8    5    1
```
→④
→②
→①

花样B

```
12    8    5    1
```
→④
→②
→①

内口袋 （11号棒针）花样B

11cm
(20针)

(12行)

22cm
(44行)

16.5cm
(30针)

内口减针图解

→⑤

→③

```
30    18    13    1
```

花样C

```
12    8    5    1
```
→⑧
→④
→①

花样D

```
12    8    5    1
```
→④
→②
→①

休闲无袖大衣

8cm
(15针)　　8cm
(15针)　　16.5cm
(30针)　　8cm
(15针)　　8cm
(15针)

减2-1-2　　第151行
中间留起26针不织　　减2-1-2

减11针
2-1-5
2-2-1
1-4-1

25cm
(50行)

11cm
(22行)

减11针
2-1-5
2-2-1
1-4-1

减12针
2-1-6
2-2-1
1-4-1

减12针
2-1-6
2-2-1
1-4-1

减12针
2-1-6
2-2-1
1-4-1

减12针
2-1-6
2-2-1
1-4-1

左前片
(11号环形针)
花样B

后片
(11号环形针)
花样B

右前片
(11号环形针)
花样B

10cm
(20行)　　10cm
(20行)

77cm
(154行)

38针花样A
分散减少3针　　84针花样A
分散减少6针　　38针花样A
分散减少3针

8cm
(16行)

口袋
(11号环形针)　　## 口袋
(11号环形针)

花样B
(26针)　　花样C
(30针)　　花样B
(60针)　　花样C
(30针)　　花样B
(26针)

22cm
(44行)

花样B　　花样B　　花样B

8cm
(16行)

8行花样A　　8行花样A　　8行花样A

22.5cm
(41针)　　50cm
(90针)　　22.5cm
(41针)

帽子
(11号棒针)
花样D

16.5cm
(30针)　　16.5cm
(30针)

减10针
2-2-2
4-2-3　　减10针
2-2-2
4-2-3

38cm
(76行)

44cm
(80针)

加2-1-6　　加2-1-6

38cm
(68针)

前片/后片制作说明：

1.棒针编织法。袖窿以下一片环形编织而成，袖窿起分为前片、后片来编织，织片较大，可采用环形针编织。

2.起织。下针起针法起172针起织，先织8行花样A，改织16行花样B，第25行起开始编织口袋，编织方法为先织26针花样B，然后织30针花样C作为右口袋，再织60针花样B，再织30针花样C作为左口袋，最后织26针花样B，重复往上编织，织至68行，将左右口袋片各30针收针，其他留起暂时不织。

3.另起针编织内口袋片，共两片，编织方法相同。起30针，编织花样B，织32行后，将织片中间6针减针，方法为4-1-3，对称减外，共减6针，织至44行，将织片摆放于衣身口袋片收针的位置，与衣身片连起来编织，织花样A，共织16行，改织花样B，织20行后，将织片分片，分为左前片、后片、右前片编织，左右前片各取38针，后片取84针编织，先编织后片，而左右前片的针眼用防解别针扣住，暂时不织。

4.分配后身片的针数到棒针上，用11号针编织，起织时两侧需要同时减针织成袖窿，减针方法为1-4-1，2-2-1，2-1-6，两侧针数各减少12针，余下60针继续编织，两侧不再加减针，织至第151行，织片中间留起26针不织，左右两侧各减2针，收针断线。

5.编织左前片。起织时右侧需要减针织成袖窿，减针方法为1-4-1，2-2-1，2-1-6，右侧针数减少12针，余下26针继续编织，两侧不再加减针，织至第133行时，织片右侧减针织成前领，方法为1-4-1，2-2-1，2-1-5，共减11针，共织22行后，肩部余下15针，收针断线。

6.相同的方法相反方向编织右前片，完成后将前片与后片的两肩部对应缝合。

7.挑织袖窿。挑起90针，编织花样A，织8行后收针断线，同样的方法挑织另一侧袖窿。

帽子、衣襟制作说明：

1.编织帽子。沿领口挑针起织，挑起68针织花样D，起针沿中线两侧同时加针，方法为2-1-6，共织12行，织片加至80针，然后不加减针往上织至60行，将织片从中间分成左右两片单独编织，两侧减针方法为4-2-3，2-2-2，织至76行，最后左右各余下30针，收针断线。

2.衣襟是在帽子编织完成后再挑织的，沿衣襟及帽子边沿挑起188针织花样A，织至5cm的宽度，收针断线，同样的方法挑织另一侧衣襟。

3.缝合帽顶缝。

横织蝙蝠衫

【成品规格】衣长54cm，下摆宽40cm

【工　　具】10号棒针

【编织密度】36针 30行=10cm²

【材　　料】6股丝麻棉线200g，灰色

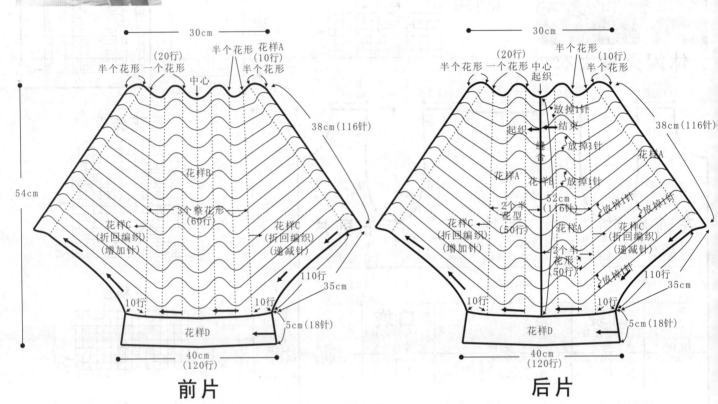

前片　　　　　后片

前片/后片/衣摆制作说明：

1. 棒针编织法。分成两片编织，衣身一片织成，下摆一片，横织成。

2. 衣身编织。织法特别，利用了折回编织的原理。衣服是横织，如结构图中粗箭头所示的方向编织，从后片中间起织，利用折回编织的原理，编织好中心花形，然后利用折回编织原理，全织下针，至袖中轴，编织一个花形，然后也是折回编织下针，再织前片的中心的花形，再折回编织下针，至另一边袖中轴的花形，最后再折回后片中心的花形。

（1）起针，起116针，衣服的起针有讲究，如图所示，衣服是由一些下针长条形成的，每一条是8针，而两条之间的拉丝线，是衣服完成后，将之放线，脱于起针处形成的。起针法是由长条的针数，用S表示，而长条的个数用S表示，公式就是(N+1) S-1，原图衣服的长条下针数是8针，一共织13条，就是(8+1) 13-1=116针，本件衣服起针数为116针。衣服的织法正面全织下针，无花样变化。

（2）起116针，从右至左编织，先织2行，第3行起开始花形编织。利用折回编织的原理，先将最右边8针折回编织10行的高度，即第3行挑织8针后，余下的108针不动，即返回织8针上针，就是反面了，重复这8针编织，织成10行。

（3）将织片弯一弯，接上第9针起织，织至第17针，即返回编织反面上针，织至第1针，共17针，将这17针重复编织正面下针，返回上针，共织成10行。

（4），再接上第18针编织，织至第26针（共挑织9针），折返回编织反面上针，但只织17针，而第1针与第9针放弃不织。将左边的17针，重复织成10行。

（5）重复第4步，直至织最后的第99针与116针共17针，将之织10行的高度，完成半个花形的编织，半个花形的高度是10行。这一行花形是从右编织至左的，而第二层半个花形，是从左边编织至右边的。

（6）第二层半个花形起织，第一层最后一片留在棒针上的针数是17针，从左边起织，只选8针编织，折回编织10行，然后按照第3步的方法，挑织第9针至第17针，将这17针折回编织10行，然后就是重复第4步和第5步了，这样，就完成了一个花形，共20行。

（7）按照第1至第6步骤织2个半花形后，针上的针数共116针，从左边起织，起织后片左边的花样，就是下针花样，先选8针编织，织10行后，同第3步织法，将17针再织10行，然后挑9针织，但这次要将这9针与17针，共26针一起编织，织10行的高度，同样的方法，每次织完10行后，就向左边棒针上挑9针和原来在织的针数一起编织，直至将116针全部挑起编织10行，完成后片左边花样编织。

（8）后片中心起织，依次编织2个整花形，半个花形，共50行。至袖中轴是一个整花形，前片中心共3个整花形，织回至后片中心时，是织2个半花形再缝合。

3. 放针方法：衣服中的拉丝花样是放针形成的，织完衣服后，在最后一行，将每长条之间的1针放掉，即（8+1）中的1针放掉。但稍不注意，当这针放掉回到起针行时，会引起其他针的脱线，避免的方法是：当线未放到起针行时，先将后片缝合，将针数固定。共需要放12针。放后将衣服拉一拉开，效果更显著。

4. 下摆编织。下摆是横织后，再将一长边缝合，起18针，编织花样D，共织240行的长度后，首尾缝合，再将之与衣下摆边缝合。

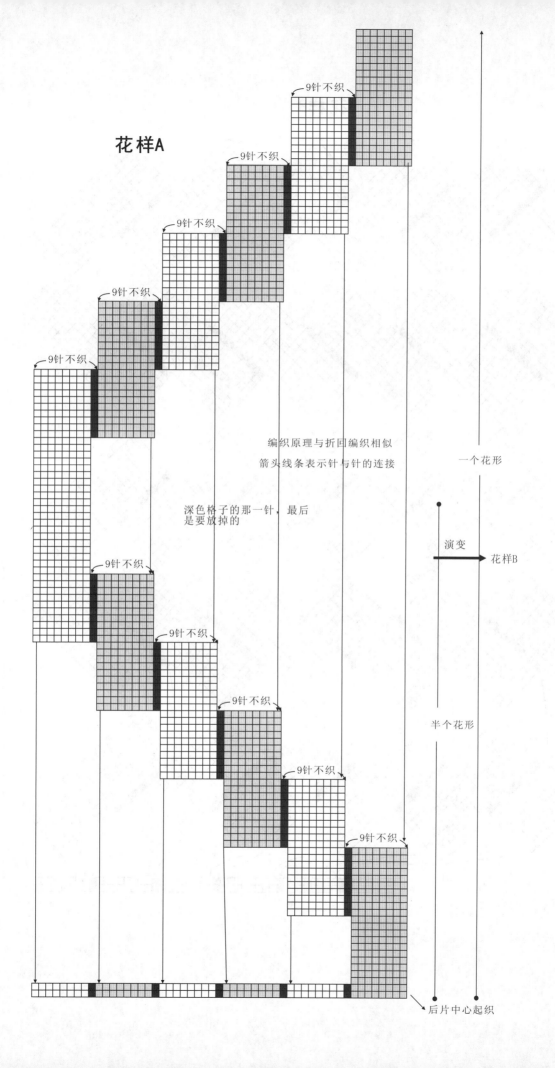

花样A

9针不织

9针不织

9针不织

9针不织

9针不织

9针不织

9针不织

9针不织

9针不织

9针不织

9针不织

编织原理与折回编织相似
箭头线条表示针与针的连接

一个花形

深色格子的那一针，最后
是要放掉的

演变 —— 花样B

半个花形

后片中心起织

141

花样B

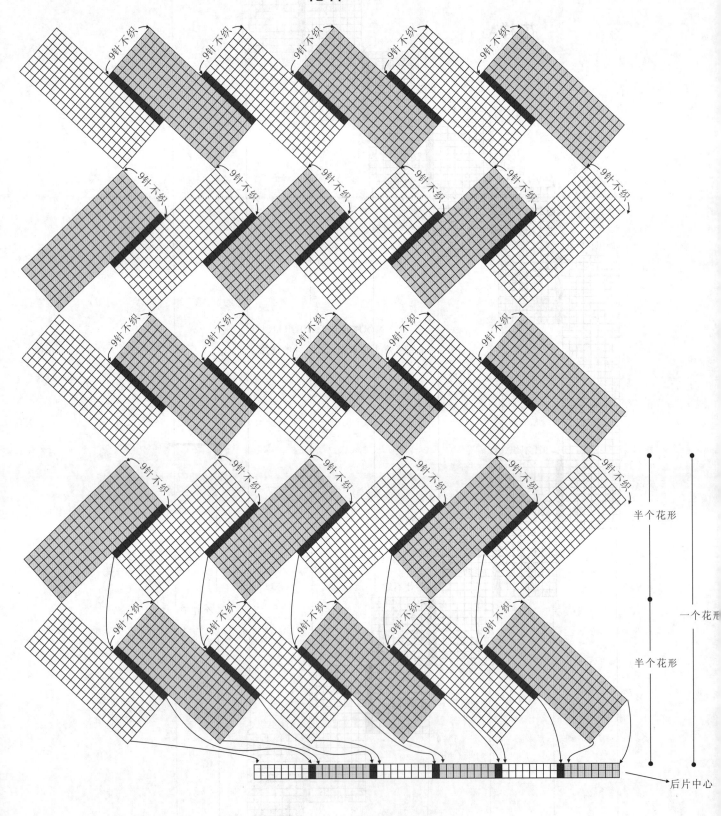

9针不织

半个花形

一个花形

半个花形

后片中心

142

花样C

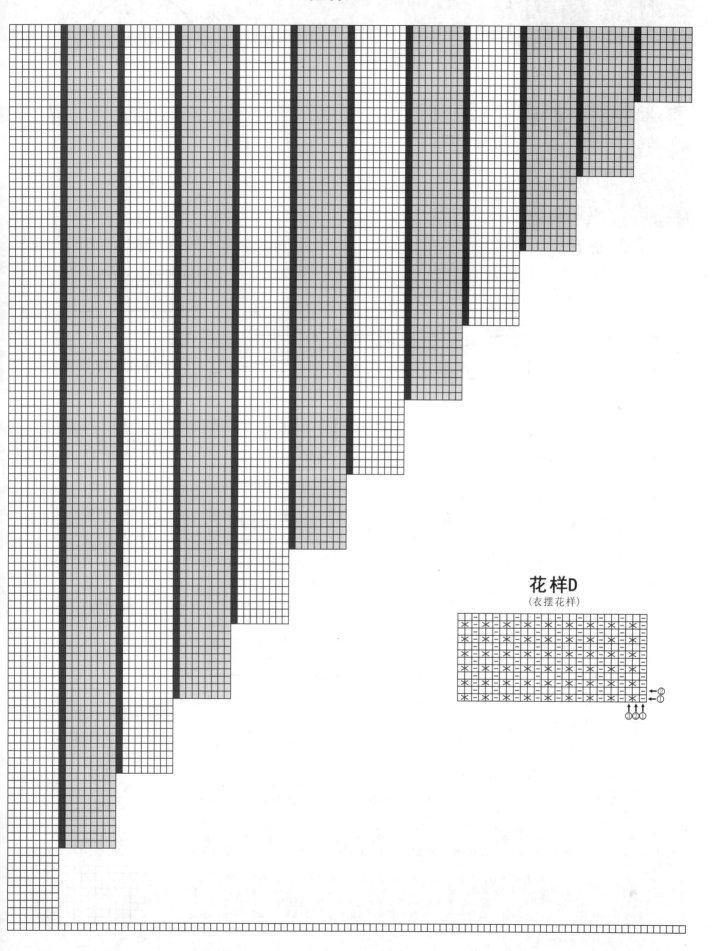

花样D
(衣摆花样)

提花毛衣

【成品规格】衣长60cm，下摆宽43cm，袖长56cm

【工　具】12号棒针，12号环形

【编织密度】26针 37.5行=10cm²

【材　料】黑色棉线220g，浅灰棉线220g，
红色棉线60g，金属扣2枚

符号说明：

□　上针

□=□　下针

2-1-3　行-针-次

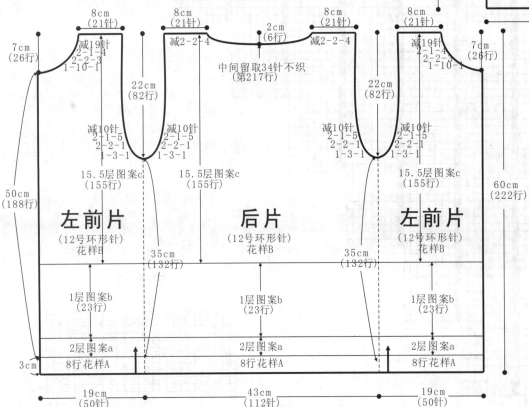

袖片部分标注：

8.5cm（22针）

减33针 2-1-24 2-2-3 1-3-1（两侧）

15cm（60行）

34cm（88针）

12层图案c

袖侧缝

56cm（210行）

38cm（142行）

加10-1-13

袖片（12号环形针）

1层图案b

2层图案a

8行花样A

24cm（62针）

3cm

袖片制作说明：

1. 棒针编织法。编织两片袖片，从袖口起织。

2. 下针起针法，起62针，编织8行花样A，即搓板针，从第9起改织花样B，先织12行图案a，然后编织23行图案b，然后改织图案c，共织120行，见结构图所示，然后往上编织，两侧同时加针，加10-1-13，两侧的针数各增加13针，将织片成88针，共142行，接着就编织袖山，袖山减针编织，两侧同时减针，方法为1-3-1，2-2-3，2-1-24，两侧各减少33针，最后织余下22针，收针断线。

3. 同样的方法再编织另一袖片。

4. 缝合方法:将袖山对应前片与后片的袖窿线，用线缝合，再将两袖侧缝对应缝合。

前片/后片标注：

8cm（21针）（×4）

2cm（6行）

7cm（26行）

减19针 2-1-4 2-2-3 1-10-1

减2-2-4

中间留取34针不织（第217行）

22cm（82行）

减10针 2-1-5 2-2-1 1-3-1

15.5层图案c（155行）

左前片（12号环形针）花样B

后片（12号环形针）花样B

左前片（12号环形针）花样B

50cm（188行）

35cm（132行）

1层图案b（23行）

2层图案a

8行花样A

3cm

60cm（222行）

19cm（50针）

43cm（112针）

19cm（50针）

前片/后片制作说明：

1. 棒针编织法。袖窿以下一片编织完成，袖窿起分为左前片、右前片、后片来编织，织片较大，可采用环形针编织。

2. 起织。下针起针法，起212针起织，起织花样A搓板针，共织8行，从第9行起改织花样B，先织12行图案a，然后编织23行图案b，然后改织图案c，共织155行，见结构图所示，织至第141行起将织片分片，分为右前片、左前片和后片，右前片与左前片各取50针，后片取112针编织，先编织后片，而右前片与左前片的针眼用防解别针扣住，暂时不织。

3. 分配后身片的针数到棒针上，用12号针编织，起织时两侧需要同时减针织成袖窿，减针方法为1-3-1，2-2-1，2-1-5，两侧针数各减少10针，余下92针继续编织，两侧不再加减针，织至第217行时，中间留取34针不织，用防解别针扣住，两端相反方向减针编织，各减少8针，方法为2-2-4，最后两肩部余下21针，收针断线。

4. 左前片与右前片的编织。两者编织方法相同，但方向相反，以右前片为例，右前片的左侧为衣襟边，起织时不加减针，右前要减针织成袖窿，减针方法为1-3-1，2-2-1，2-1-5，针数减少10针，余下40针继续编织，当衣襟侧编织至119行时，织片向右减针织成前衣领，减针方法为1-10-1，2-2-3，2-1-4，将针数减19针，肩部余下21针，收针断线，左前片的编织顺序与减针法与右前片相同，但是方向不同。

5. 前片与后片的两肩部对应缝合。

花样A（搓板针）

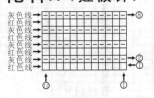

灰色线 / 红色线 / 灰色线 / 红色线 / 灰色线 / 红色线 / 灰色线 / 红色线

花样B

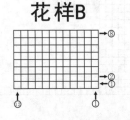

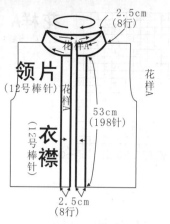

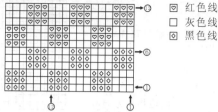

图案a

☒ 红色线
□ 灰色线
☒ 黑色线

图案b

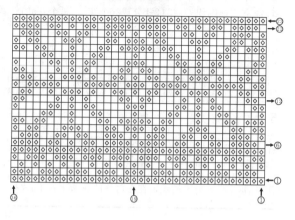

图案c

领片
（12号棒针）

衣襟
（12号棒针）

2.5cm
（8行）

花样A

53cm
（198针）

花样A

花样A

2.5cm
（8行）

领片/衣襟制作说明：

1. 棒针编织法，往返编织。

2. 先编织衣襟，见结构图所示，沿着衣襟边挑针起织，挑198针编织，沿着箭头所示的方向编织，织花样A，共织8行后收针断线，同样去挑针编织另一前片的衣襟边。方法相同，方向相反。

3. 完成衣襟后才能去编织衣领，沿着前后衣领边挑针编织，织花样A，共织8行的高度，用下针收针法，收针断线。

秀雅羊绒衫

【成品规格】上衣长59cm，袖长24cm，下摆宽46cm

【工　具】11号棒针，11号环形针，1.3mm钩针

【编织密度】28针 39行=10cm²

【材　料】段染长毛晴纶线600g，纽扣4枚

符号说明：

□　上针
□=① 下针
2-1-3 行-针-次

↑　编织方向
◎　镂空针
↑ 中上3针并1针

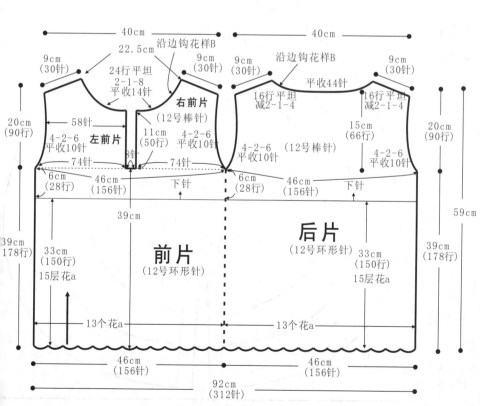

袖片
（12号棒针）

10层花a

余40针

15cm
（72行）

6-2-12
平收10针

6-2-12
平收10针

32cm
（108针）

6行平坦
加6-1-12

6行平坦
加6-1-12

下针

17cm
（78行）

55cm
（250行）

40cm
（178行）

23cm
（100行）

7个花a

23cm
（84针）

袖片制作说明：

1. 棒针编织法。从袖口起织，用12号棒针编织。

2. 编织两个袖片。起针：下针起针法，起84针，首尾连接，环织。

3. 袖口的编织。起针后，将84针分成7个花a，每个花a12针，无加减针，编织10层花a，共100行，然后全改织下针，在腋下加针，每织6行，一边加1针，即一行加成2针，共加12行，织成72行后，无加减针织6行的高度，进入袖山减针编织。

4. 袖山的编织。将完成的袖身对折，分成两半针数，选一侧的最边两针，作袖山减针所在列，环织改为片织，两端各平收针10针，然后进入减针编织，减针方法为6-2-12，袖山两边各减掉24针，余40针，收针断线。以相同的方法，再编织另一只袖片。

6. 缝合。将袖片的袖山边与衣身的袖隆边对应缝合。

40cm

22.5cm

沿边钩花样B

9cm
（30针）

9cm
（30针）

24行平坦
2-1-8
平收14针

右前片
（12号棒针）

11cm
（50行）

4-2-6
平收10针

左前片

58针

20cm
（90行）

74针

下针

6cm
（28行）

46cm
（156针）

39cm
（178行）

33cm
（150行）

15层花a

前片
（12号环形针）

13个花a

46cm
（156针）

39cm

40cm

9cm
（30针）

沿边钩花样B

9cm
（30针）

平收44针

16行平坦
减2-1-4

16行平坦
减2-1-4

15cm
（66行）

4-2-6
平收10针

4-2-6
平收10针

74针

下针

6cm
（28行）

46cm
（156针）

后片
（12号环形针）

20cm
（90行）

59cm

39cm
（178行）

33cm
（150行）

15层花a

13个花a

46cm
（156针）

92cm
（312针）

前片/后片制作说明：

1. 棒针编织法。从衣摆起织，织法简单，袖窿以下一片编织，环织，用12号环形针，袖窿以上分前片和后片编织，用12号棒针编织。

2. 起针。下针起针法，起312针，首尾连接。

3. 镂空花样编织。将312针分成26个花a，每个花a的针数为12针，图解见花样A，往上编织无加减针，每层花a共10行，往上织15层花a，即150行后，改织下针，至肩部，织完花a后，再织28行下针时，完成袖窿下的编织。

4. 袖窿以上的编织。将织片对称分成两半，每一半的针数为156针，先编织后片，将前片的针数用防解别针扣住，织后片，两边同时收针，平收10针，针数减为136针，两边再同时减针编织，减针方法为4-2-6，每织4行减2针减1次针，12针，织成24行，然后无加减再织42行的高度后，从中间选取44针直接收针，两边相反方向减针，每织2行减1针，减4次，减针行织成8行，然后无加减再织16行的高度，肩部余下30针，收针断线。后片完成。

5. 前片的编织。前片开门襟，将156针，分成两半，每一半针数为78针(含门襟4针)，先编织右前片，右前片的右边作袖窿减针，平收10针后，减针，每织4行减2针，共减6次，织成24行，右前片的左边，直接收针收掉4针，然后无加减，织成50行的高度时，进行前衣领的减针，先平收14针，然后每织2行减1针，共减8次，织28行，然后无加减针织成24行的高度后，将肩部与后片对应缝合。相同的方法去编织左前片。

6. 衣领边的编织。用1.3mm钩针，沿着前后衣领边和前开门襟边缘，钩织花样B花边，开门襟的8针收针处不钩织，在左前片的花边上钉上4枚扣子，衣身完成。

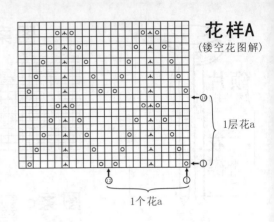

花样A
(镂空花图解)

1层花a

1个花a

花样B (衣领花边图解)

优雅中袖大衣

【成品规格】 衣长66cm，袖长50cm

【编织密度】 28针 35行=10cm²

【工具】 10号棒针

【材料】 毛线1000g

符号说明：

- ▢ =▢ 下针
- □ 上针
- ⊙ 镂空针
- 延伸上针
- 左上2针并1针
- 右上2针并1针
- 中上3针并1针
- 左上1针交叉
- 右上1针交叉
- 行-针-次

围肩编织说明：

1. 围肩是从领圈处起针，向外圆方向扩张编织，成圆环形状，开前门襟。

2. 起103针，左右门襟各4针，编织2行单罗纹，第3行，4针单罗纹门襟，11针下针，加1针，1针下，加1针，35针花样A，加1针，1针下，加1针，35针花样A，加1针，1针下，加1针，11针下针，4针单罗纹。将围肩分成有3条"筋"的4个部分，"筋"就是加针中间的1针下针。

3. 围肩前身片部分编织下针，后身片部分编织花样A，在每条"筋"的两边加针，方法为2-1-28，编织至58行时针数为263针。

4. 第59行开始不加减针编织花样B，共15行。

5. 第75行开始编织花样C，每花25针，共排11个花，需均匀加12针，花样C编织14行后针数为363针加门襟8针，圆肩完成，不收针，全部留在针上待分片编织。

袖片图解

38cm
(49针)

花样H

袖片
(10号棒针)

24cm
(91行)

花样G

编织方向

13cm
(41行)

27cm
(70针)

袖片编织说明：

1. 袖片为两片编织，各用圆肩分出的71针编织，不加减针编织花样G，13cm，41行。

2. 第42行按袖口编织图解，将71针分成4个17针和3个"筋"(1针)，编织花样H，两边以"筋"为中心，向外扩张加针，2-1-20，袖片中间从第11行开始以筋为中心每2行编

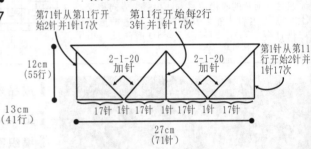

袖口花样图解

第71针从第11行开始2针并1针17次

第11行开始每2行3针并1针17次

第1针从第11行开始2针并1针17次

12cm
(55行)

2-1-20
加针

2-1-20
加针

17针 1针 17针 1针 17针 1针 17针

27cm
(71针)

织中上3针并1针，17次，袖片两端的边针从第11行开始2针并1针17次。

3. 第92行开始编织2行上针。第94行编织2行下针。第96行编织1针下针，加1针，2针并1针，然后单罗纹针法收边。

4. 对称编织另一袖片。

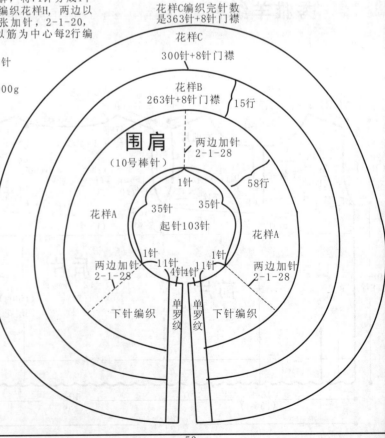

花样C编织完针数是363针+8针门襟

花样C
300针+8针门襟

花样B
263针+8针门襟

15行

围肩
(10号棒针)

两边加针
2-1-28

58行

1针

35针

35针

起针103针

花样A

花样A

1针 1针

11针 11针

两边加针
2-1-28

4针 4针

两边加针
2-1-28

下针编织

单罗纹

单罗纹

下针编织

53cm
(55针)

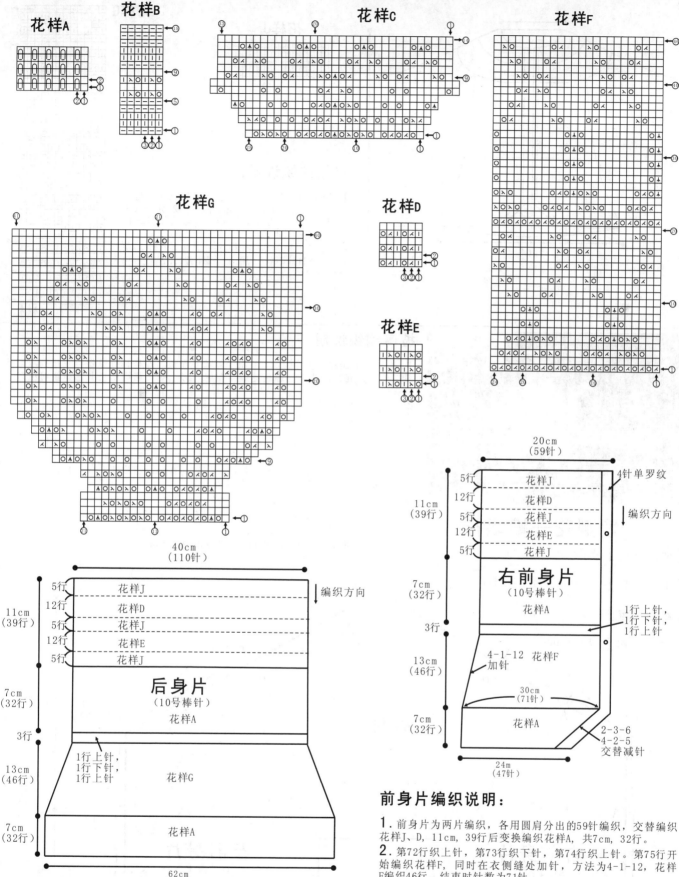

花样A 花样B 花样C 花样F 花样G 花样D 花样E

右前身片
（10号棒针）
花样A

20cm
（59针）
5行 花样J
12行 花样D
5行 花样J
12行 花样E
5行 花样J
11cm
（39行）
4针单罗纹
编织方向
7cm
（32行）
3行
1行上针，
1行下针，
1行上针
13cm
（46行）
4-1-12 花样F
加针
30cm
（71针）
7cm
（32行）
花样A
24m
（47针）
2-3-6
4-2-5
交替减针

后身片
（10号棒针）
花样A

40cm
（110针）
5行 花样J
12行 花样D
5行 花样J
12行 花样E
5行 花样J
11cm
（39行）
编织方向
7cm
（32行）
3行
1行上针，
1行下针，
1行上针
13cm
（46行）
花样G
7cm
（32行）
花样A
62cm
（205针）

后身片编织说明：

1．后身片为一片编织，用圆肩分出的110针编织，交替编织花样J、D，11cm，39行后变换编织花样A，共7cm，32行，

2．第72行织上针，第73行织下针，第74行织上针。第75行开始编织花样G，编织46行，结束时针数为205针。

3．第121开始编织花样A，共7cm，32行，至152行收针断线。

前身片编织说明：

1．前身片为两片编织，各用圆肩分出的59针编织，交替编织花样J、D，11cm，39行后变换编织花样A，共7cm，32行。

2．第72行织上针，第73行织下针，第74行织上针。第75行开始编织花样F，同时在衣侧缝处加针，方法为4-1-12，花样F编织46行，结束时针数为71针。

3．第121开始编织花样A，共7cm，32行，同时在门襟内侧收针，顺序是，2-3-6，4-2-5交替减针，至152行时针数剩47针，收针断线。

4．沿斜下摆及门襟挑针，第1行织2针并1针，加1针；第2行织上针然后单罗纹针法收针完成。

5．对称编织另一前身片。

6．前后身片完成后对准衣侧缝缝合。

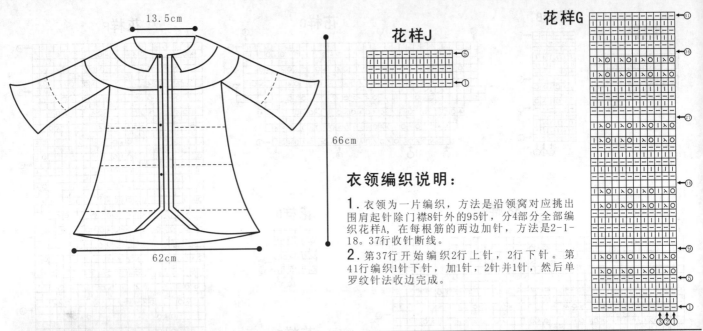

花样J

花样G

衣领编织说明：

1. 衣领为一片编织，方法是沿领窝对应挑出围肩起针除门襟8针外的95针，分4部分全部编织花样A，在每根筋的两边加针，方法是2-1-18.37行收针断线。

2. 第37行开始编织2行上针，2行下针。第41行编织1针下针，加1针，2针并1针，然后单罗纹针法收边完成。

紫荆花开蝙蝠衫

【成品规格】衣长51cm，袖长59cm

【工　　具】8号棒针，缝针，2mm钩针

【编织密度】31针 3 1行=10cm²

【材　　料】段染线600g

披肩编织说明：

1. 披肩采用螺旋花拼接编织，由52个螺旋花组成。花样排列见螺旋花排列示意图，单个螺旋花针法详见螺旋花编织图解，每个螺旋花均用淡灰色和浅粉色二色线编织。

2. 从右前片的第1列开始编织，第1列编织5个螺旋花，除第1个螺旋花全部起头编织外，其余花样起头时，均先在相邻的螺旋花边上挑针，然后下针起头补充剩余针数。

3. 第2列至第4列同样编织5个螺旋花，但每列花样按形状结构向后身片错位半个花样。

4. 第5列至第7列每列编织4个螺旋花，从第7列开始，螺旋花向前身片错位半个花样。第8列至第11列每列编织5个螺旋花。

5. 用毛衣针将前后身片的A、B、C、D分别对准缝合。

6. 分别沿身片A-A、C-C处挑出52针，用棒针编织单罗纹花样10cm，30行，收针断线。

7. 用钩针沿前后身片下摆、前门襟、领窝边钩织花边。

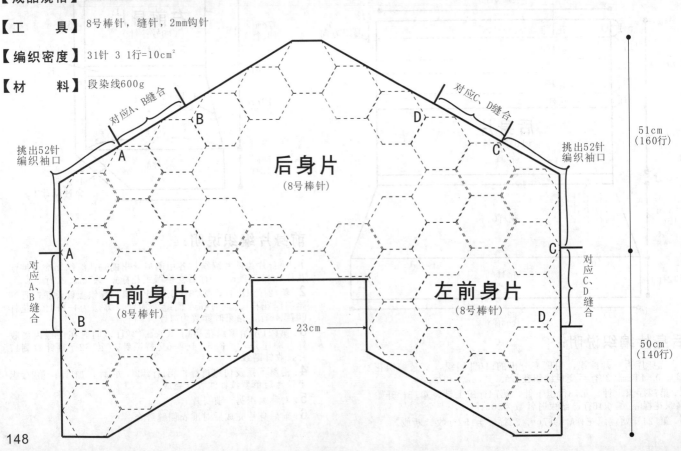

螺旋花样图解

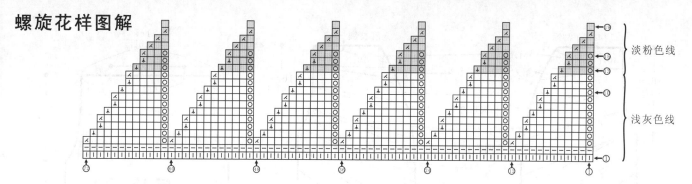

淡粉色线

浅灰色线

螺旋花排列示意图

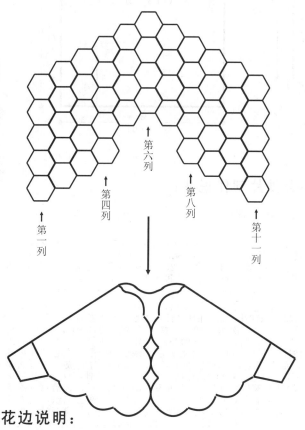

第六列
第四列
第八列
第一列
第十一列

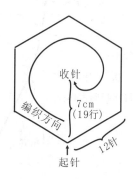

收针

7cm
(19行)

编织方向

12针

起针

单个螺旋花编织说明：

1.每花起头72针，12针一个花瓣，花样采用4根棒针从外向内织，完成的花样是正六边形。详细编织见螺旋花样图解。

2.用浅灰色线平针起头，第1行织下针，第2行织上针，第3行：加1针，10针下针，2针并1针，6个花瓣相同织法。第4行：加1针，9针下针，3并1针，6次。第5行：加1针，8针下针，3针并1针，6次。第6行：加1针，8针下针，2针并1针，6次。第7行：加1针，7针下针，3针并1针，6次。随后以此类推，每一行减掉6针。第13行至花样结束换淡粉色线编织。

3.第15行：加1针，2针下针，2针并1针，6次。第16行：2针下针，2针并1针，6次。第17行：1针下针，2针并1针，6次。第18行：2针并1针，6次。第19行，6瓣剩余6针，一线收口系紧断线。

钩边花样

符号说明：

棒针符号	钩针符号
☐=☐ 下针	✕ 短针
☐ 上针	Ⅰ 长针
◎ 镂空针	━ 辫子针
◪ 左上2针并1针	
▲ 中上3针并1针	

花边说明：

1.用钩针沿前片下摆、前门襟、衣领边钩织花边，花边图解见钩边花样，完成后断线。

2.用钩针沿后片下摆钩织花边，花边图解见钩边花样，完成后断线。

【成品规格】衣长52cm，下摆宽36cm，袖长66cm

【工　　具】11号棒针

【编织密度】41针 48行=10cm²

【材　　料】6股三七毛，400g，铁锈红色

符号说明：

☐ 上针

☐=☐ 下针

2-1-3　行-针-次

↑ 编织方向

双罗纹风情外套

149

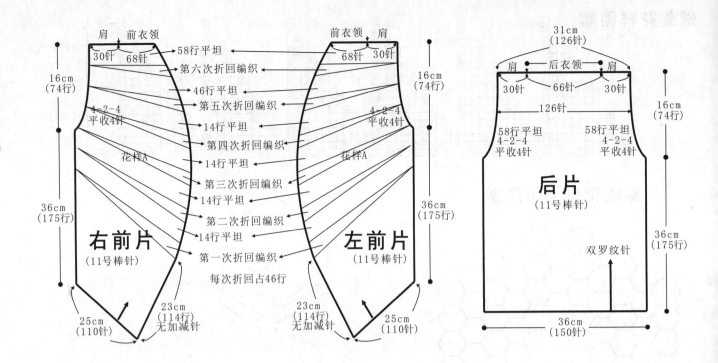

前片/后片/衣摆/袖片制作说明：

1. 棒针编织法。分为6片编织，前片两片，后片一片，袖片两片，领片一片，此款衣服利用折回编织法。

2. 后片的编织。先编织后片，起针，双罗纹起针法，起150针，编织双罗纹针，不加减针编织175行的高度时，两袖窿开始减针，两边先平收4针，再织4行减2针，减4次，袖窿两边各减少12针，织得余下126针继续编织，无加减针织58行的高度后，不收针，不断线，用防别针扣住，进入下一步前片的编织。

3. 前片的编织。以右前片为例，起针，双罗纹起针法，起110针，无加减针编织双罗纹针114行，从第115行起，进行折回编织，从左至右计算针数，现一根棒针上有110针，从左织起，织10针，余下的100针，不织，返回织10针的第二行，即第116行，然后织下一行，这次织完10针，接着织余下的100针的前2针，这样，这次织成的针数为12针，同样，余下的98针不织，还是留在针上，返回织12针的第二行，即118行，下一行时，同样的方法，编织的针数从左边留在棒针的针数挑出2针编织，如此重复，一直增加的针数，到54针时完成一个折回编织，行数完成160行，下一行起，将全部的110针全织，无加减针织14行，然后进行第二次折回编织，织法与第1次相同，然后再无加减针织14行，之后每一次折回编织方法都相同，不加减针织的行数，参照结构图所标注去编织。而右前片的左边，织法与后片相同，不加减针织175行的高度后，进行袖窿减针，先平收4针，再减4-2-4，然后织58行无加减针行，完成前后片，肩部留30针（从左至右），与后片的肩部（亦选30针）缝合，余下的68针，收针掉，右前片完成，同样的方法编织左前片。

4. 拼接。将前片和后片的侧缝对应缝合。

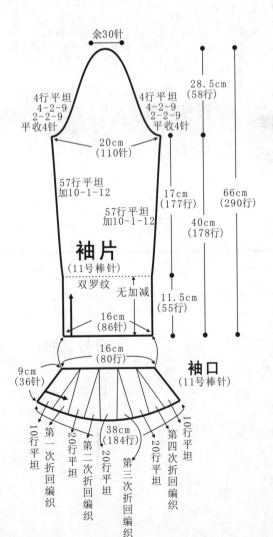

袖片制作说明：

1. 棒针编织法。每片袖分成两部分编织，袖口横织，再沿短边挑针往上织袖身。

2. 袖口的编织。横向编织，起36针，编织双罗纹花样，不加减针织10行后，开始折回编织，织法与前片相同，针数不同，先织6针折回，然后依次是8针折回，10针折回，每次增加2针，最后一次折回的针数为30针，共26行一次折回，然后就是不加减针织20行，再进行下一次的折回编织，参照结构图所示的方法去编织，但最后一次折回后不加减针织10行，与起针的第1行缝合，形成一个喇叭状袖口，沿短的一边挑针，挑86针环织，进入下一步袖身的编织。

3. 袖身的编织。挑86针后，编织双罗纹针，无加减针织55行的高度后，将织片对折，选一端作腋下加针边，两面各选1针作加针所在列，织10行加针，加12次，每次每行加针的针数为2针，织成120行后，不加减针织57行，完成袖身的编织。

4. 袖山的编织。环织改为片织，两端各平收针4针，然后进入减针编织，减针方法：2-2-9，4-2-9，袖山两边各减掉40针，余下30针，再织4行，然后收针断线。以相同的方法，再编织另一只袖片。

6. 缝合。将袖片的袖山边与衣身的袖窿边对应缝合。

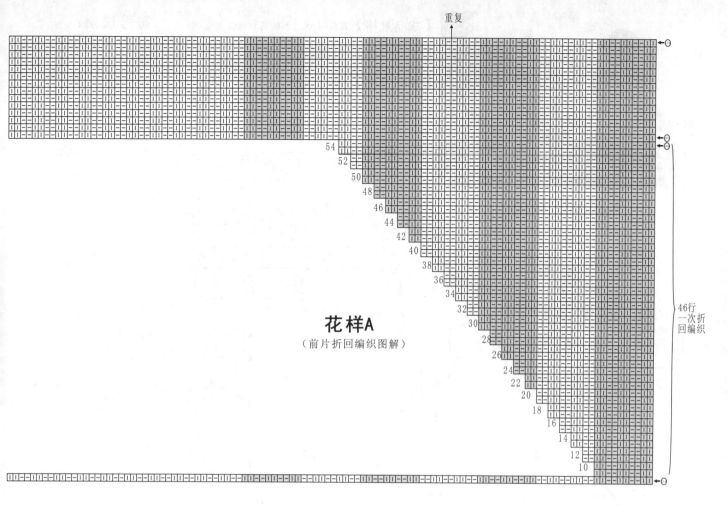

重复

54
52
50
48
46
44
42
40
38
36
34
32
30
28
26
24
22
20
18
16
14
12
10

花样A

（前片折回编织图解）

46行
一次折
回编织

花样B

（袖口折回编织图解）

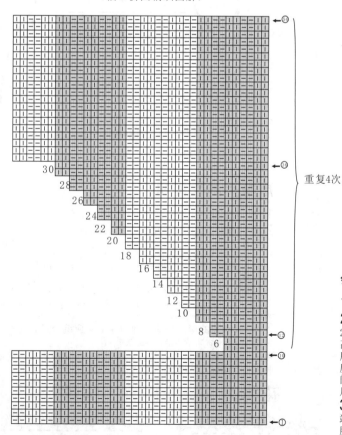

30
28
26
24
22
20
18
16
14
12
10
8
6

重复4次

符号V处，相边加针，加2-1-4，
即一处一行加2针

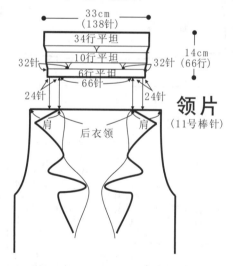

33cm
（138针）

34行平坦

32针   10行平坦   32针

6行平坦

66针

24针   24针

肩   肩

后衣领

14cm
（66行）

领 片

（11号棒针）

领片制作说明：

1.棒针编织法。

2.将后片领边余下的66针，移到棒针上，在两边各加出24针的宽度，往上继续编织双罗纹针，无加减针编织6行的高度后，在两边算起，至32针的位置，选取2针下针作加针所在列，向两边加针，加2-1-4，一行加成4针，织成8行高度，然后无加减针织10行的高度，此时针数为130针，在中间选2针下针作加针中轴，加针方法与前相同，加成8行后，无加减针织34行的高度后，收针断线。

3.缝合。完成的衣领下边，两边各有24针的宽度，将这两端在肩部线的内侧缝合，即前后肩部缝合后，将之缝在衣服里面。

羊绒V领秋装

【成品规格】衣长64cm，下摆宽53cm，袖长42cm

【工　　具】13号棒针，1.5钩针

【编织密度】衣身下部分：30.5针 50行=10cm²
　　　　　　衣身上部分：39.5针 50.6行=10cm²

【材　　料】羊绒1.1斤，弹力线少许

符号说明：

符号	说明
□	上针
□=1	下针
○	镂空针
◣	右上4针并1针
◢	左上4针并1针
(◁○▷)	穿右针(3针时)
2-1-3	行-针-次
+	短针
│	长针
∞	锁针

花样A

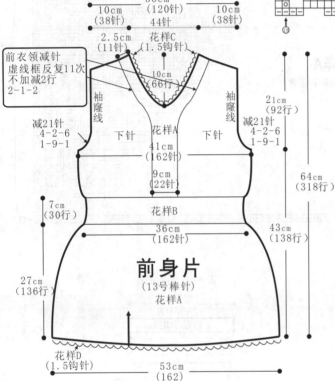

前衣领减针
虚线框反复11次
不加减2行
2-1-2

花样B

花样C

花样D

前身片制作说明：

1．前身片分为一片编织，从下往上，一直编织至肩部。

2．用13号棒针起162针起织，按花样A均匀分布花样编织，一个花样9针8行，共18个花样，往上织17个花样，即136行。继续往上按花样B编织30行，加弹力线编织，花样为双罗纹针与铜线花相间。往上不加减针编织，正中间按花样A排2个花样，2个花样两边各2针上针，中间共22针，其余两边编织下针，编织60行后，开始袖窿减针，方法顺序为1-9-1，4-2-6，往上编织28行后（共编织至254行），开始分领，中间花样中间一分为二，各11针，开始衣领侧减针，如图所示，减针方法顺序为：2-1-2，不加减2行，重复11次，往上编织66行的高度后，肩各留38针，衣领边各11针继续往上编织，编织高度为后衣领的一半，其余27针收针断线。详细编织花样见花样A、花样B。

后身片制作说明：

1．后身片为一片编织，从下往上，一直编织至肩部。

2．用13号棒针起162针起织，按花样A均匀分布花样编织，一个花样9针8行，共18个花样，往上织17个花样，即136行。继续往上按花样B编织30行，加弹力线编织，花样为双罗纹针与铜线花相间。往上不加减针编织下针，编织60行后，开始袖窿减针，方法顺序为：1-9-1，4-2-6，往上编织至310行，中间收60针，开始后衣领侧减针，如图所示，减针方法顺序为2-1-3，往上编织至318行后，肩各留27针，详细编织花样见花样A、花样B。

3．将前身片的侧缝与后身片的侧缝对应缝合，再将两肩部对应缝合。最后将衣襟与后衣领缝合。

4．用1.5钩针，沿衣襟边及后衣领边按花样C钩两圈；沿衣摆边按花样D钩两圈，收针断线。

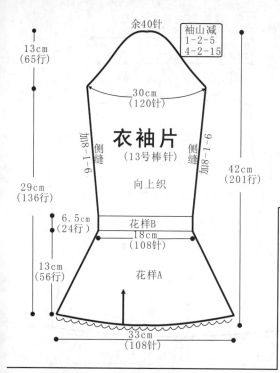

余40针 袖山减
1-2-5
4-2-15

13cm
(65行)

30cm
(120针)

衣袖片
(13号棒针)

加8-1-6 侧缝

侧缝 加8-1-6

42cm
(201行)

29cm
(136行)

向上织

6.5cm
(24行)

花样B
18cm
(108针)

13cm
(56行)

花样A

33cm
(108针)

衣袖片制作说明：

1．两片衣袖片，分别单独编织。

2．用13号棒针108针起织，按花样A均匀分布花样编织，一个花样9针8行，共12个花样，往上织7个花样，即56行。往上按花样B编织24行，花样为双罗纹中间加铜线花相间。往上编织下针，两边按8-1-6方法加针，编织至136行后，开始袖山减针。详细编织花样见花样A、花样B。

3．袖山的编织：两侧同时减针，减针方法如图：依次4-2-15，1-2-5，最后余下40针，直接收针后断线。

4．最后用1.5钩针，沿袖边按花样D的钩边花样钩两圈后，收针断线。

5．同样的方法再编织另一衣袖片。

6．将两袖片的袖山与衣身的袖窿线边对应缝合，再缝合袖片的侧缝。

花样A

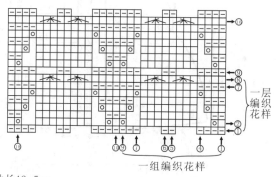

一层编织花样

一组编织花样

紫色小外套

【成品规格】衣长51cm，下摆宽52cm，袖长42.5cm

【工　　具】13号棒针，1.5钩针

【编织密度】衣身下部分：28针4 5行=10cm²
　　　　　　衣身上部分：36针4 0行=10cm²

【材　　料】羊绒6两，弹力线少许

符号说明：

□	上针	□=□	下针
⊡	镂空针	＋	短针
⼈	右上4针并1针		长针
⼈	左上4针并1针	∞	锁针
⼈⼈⼈	穿右针(3针时)		

2-1-3　　行-针-次

花样B

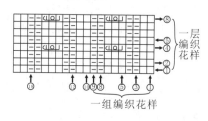

一层编织花样

一组编织花样

衣袖片制作说明：

1．两片衣袖片，分别单独编织。

2．用13号棒针108针起织，按花样A均匀分布花样编织，一个花样9针8行，共12个花样，往上织7个花样，即56行。往上按花样B编织24行，花样为双罗纹中间加铜线花相间。往上编织下针，两边按8-1-6方法加针，编织至135行后，开始袖山减针。详细编织花样见花样A、花样B。

3．袖山的编织：两侧同时减针，减针方法如图：依次4-2-15，1-2-5，，最后余下40针，直接收针后断线。

4．衣袖片下部分的编织方法同衣身下部分，从袖摆挑60针，按花样B花样编织，10针为一个花样，共排6个花样。按花样B加减针编织，形成叶子形状，一直编织50行高度后，收针断线。

5．最后用1.5钩针，沿袖边按花样D的钩边花样钩两圈后，收针断线。

6．同样的方法再编织另一衣袖片。

7．将两袖片的袖山与衣身的袖窿线边对应缝合，再缝合袖片的侧缝。

花样C　　　花样D

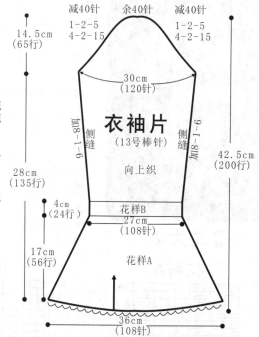

减40针 余40针 减40针
1-2-5　　　　1-2-5
4-2-15　　　 4-2-15

14.5cm
(65行)

30cm
(120针)

衣袖片
(13号棒针)

加8-1-6 侧缝

侧缝 加8-1-6

42.5cm
(200行)

28cm
(135行)

向上织

4cm
(24行)

花样B
27cm
(108针)

17cm
(56行)

花样A

36cm
(108针)

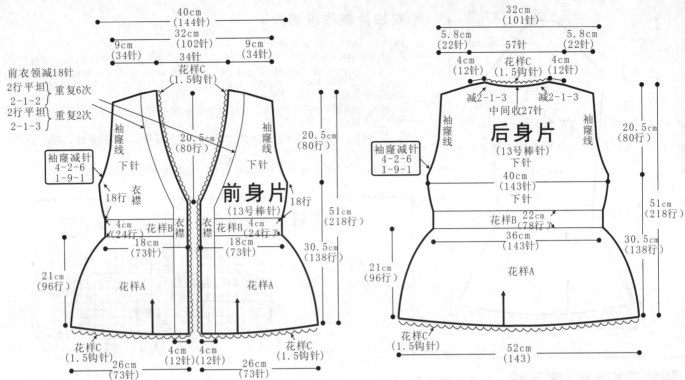

前身片
（13号棒针）

40cm
（144针）

32cm
（102针）

9cm
（34针）　9cm
（34针）

34针

花样C
（1.5钩针）

前衣领减18针
2行平坦
2-1-2 } 重复6次
2行平坦
2-1-3 } 重复2次

20.5cm
（80行）

20.5cm
（80行）

袖隆线

袖隆线

下针　下针

袖隆减针
4-2-6
1-9-1

18行　衣襟

18行

下针

衣襟　花样B　花样B　衣襟

4cm
（24针）　4cm
（24针）

18cm
（73针）　18cm
（73针）

51cm
（218行）

30.5cm
（138行）

21cm
（96行）

花样A　花样A

花样C
（1.5钩针）　花样C
（1.5钩针）

4cm
（12针）　4cm
（12针）

26cm
（73针）　26cm
（73针）

后身片
（13号棒针）

32cm
（101针）

5.8cm
（22针）　57针　5.8cm
（22针）

4cm
（12针）　花样C
（1.5钩针）　4cm
（12针）

减2-1-3　减2-1-3

中间收27针

袖隆线　袖隆线

下针

袖隆减针
4-2-6
1-9-1

20.5cm
（80行）

40cm
（143针）

下针

花样B　22cm
（78行）

36cm
（143针）

51cm
（218行）

30.5cm
（138行）

21cm
（96行）

花样A

花样C
（1.5钩针）

52cm
（143）

前身片制作说明：

1．前身片分为左、右身片编织，从下往上，一直编织至肩部。

2．用13号棒针72针起织，按花样A均匀分布花样编织，一个花样9针8行，共8个花样，往上织12个花样，即96行。注意如图所示，门襟边留一花样往上连织，连织的同时边上两针织上针，其余按其他花样编织。往上按花样B编织24行，花样为双罗纹中间加铜线花相间。往上不加减针编织下针，编织18行后，开始袖隆减针，方法顺序为1-9-1、4-2-6，袖隆减针的同时，收门襟，在门襟花样内侧收针，收针方法顺序为2-1-3，不加减2针，2-1-2，再往上不加减2行及2-1-2重复5次，一直至肩留34针，最后不加减针往上一直编织至51cm，即218行后，门襟12针继续往上编织，编织高度为后衣领的一半，其余22针收针断线，详细编织花样见花样、花样B。

3．按同样方法完成另一前身片。

后身片制作说明：

1．后身片为一片编织，从下往上，一直编织至肩部。

2．用13号棒针143针起织，按花样A均匀分布花样编织，一个花样9针8行，共16个花样，往上织12个花样，即96行。往上按花样B编织24行，花样为双罗纹中间加铜线花相间。往上不加减针编织下针，编织18行后，开始袖隆减针，方法顺序为1-9-1、4-2-6，减完针后，不加减针往上编织至212行，开始后衣领减针，中间收27针，衣领侧按2-1-3减针，肩部留22针收针断线。详细编织花样见花样A、花样B。

3．将前身片的侧缝与后身片的侧缝对应缝合，再将两肩部对应缝合。最后将衣襟与后衣领缝合。

4．用1.5钩针，沿衣襟边及后领边按花样C钩两圈；沿衣

裙式大衣

【成品规格】 衣长85cm，下摆宽40cm，袖长57cm

【工　具】 12号棒针，12号环形针

【编织密度】 花样A：30.5针 36行=10cm²
花样B：28针 36行=10cm²

【材　料】 蓝色棉线1000g，蓝色长绒线50g

袖片制作说明

1．棒针编织法，编织两片袖片。

2．从袖口起织。起48针，编织10行花A，第11行均匀加针至84针，改织花样B，织至104行，第105行将织片均匀减针为62针，改织花样A，再织44行花样A，见结构图所示，接着就编织袖山，袖山减针编织，两侧同时减针，方法为1-3-1，4-1-4，2-1-20，两侧各减少27针，最后袖片余下8针，收针断线。

3．同样的方法再编织另一袖片。

4．缝合方法：将袖山对应前片与后片的袖隆线，用线缝合，再将两袖侧缝对应缝合。

花样A

16　8　5　1

花样B

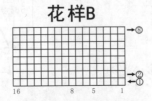

16　8　5　1

符号说明：

□　上针　　□=①　下针

2-1-3　行-针-次

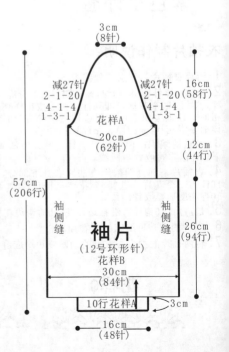

3cm
（8针）

减27针
2-1-20
4-1-4
1-3-1

减27针
2-1-20
4-1-4
1-3-1

16cm
（58行）

花样A

20cm
（62针）

12cm
（44行）

57cm
（206行）

袖侧缝　袖侧缝

袖片
（12号环形针）
花样B

26cm
（94行）

30cm
（84针）

10行花样A　3cm

16cm
（48针）

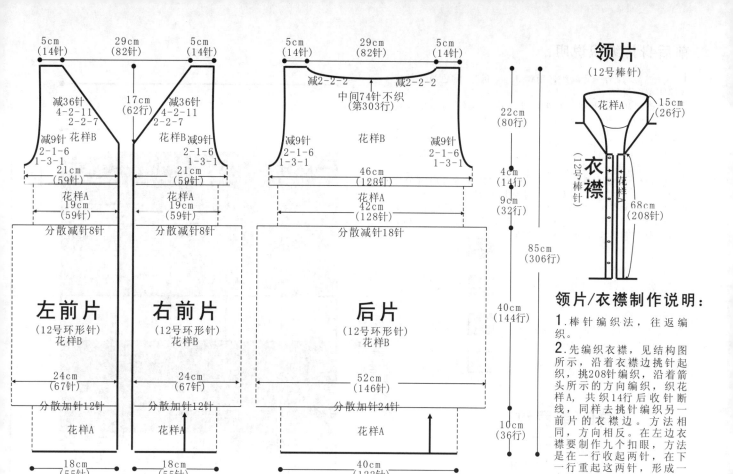

左前片 (12号环形针) 花样B
5cm (14针) 29cm (82针) 5cm (14针)
17cm (62行)
减36针 4-2-11 2-2-7
减36针 4-2-11 2-2-7
减9针 花样B
花样B 减9针
2-1-6 1-3-1
2-1-6 1-3-1
21cm (59针) 21cm (59针)
花样A 19cm (59针)
花样A 19cm (59针)
分散减针8针 分散减针8针

右前片 (12号环形针) 花样B
24cm (67针) 24cm (67针)
分散加针12针 分散加针12针
花样A 花样A
18cm (55针) 18cm (55针)

后片 (12号环形针) 花样B
5cm (14针) 29cm (82针) 5cm (14针)
减2-2-2 减2-2-2
中间74针不织 (第303行)
减9针 花样B 减9针
2-1-6 1-3-1 2-1-6 1-3-1
46cm (128针)
花样A 42cm (128针)
分散减针18针
52cm (146针)
分散加针24针
花样A
40cm (122针)

22cm (80行)
4cm (14行)
9cm (32行)
85cm (306行)
40cm (144行)
10cm (36行)

领片 (12号棒针)
花样A
15cm (26行)
衣襟 (12号棒针)
花样
68cm (208针)

领片/衣襟制作说明：
1.棒针编织法，往返编织。
2.先编织衣襟，见结构图所示，沿着衣襟边挑针起织，挑208针编织，沿着箭头所示的方向编织，织花样A，共织14行后收针断线，同样去挑针编织另一前片的衣襟边。方法相同，方向相反。在左边衣襟要制作九个扣眼，方法是在一行收起两针，在下一行重起这两针，形成一个眼。
3.完成衣襟后才能去编织衣领，沿着前后衣领边挑

前片/后片制作说明：
1.棒针编织法。袖窿以下一片编织而成，袖窿起分为左前片、右前片和后片来编织。织片较大，可采用环形针编织。
2.起织。双罗纹针起针法起232针起织，起织花样A，共织36行，第37行均匀加针至280针，编织花样B，然后重复往上编织至180行，第181行将织片均匀减针至246针，改织花样A，织32行，改织花样B，再织14行后，将织片分片，分为左前片、右前片和后片，左右前片各取59针编织，后片取128针编织。先编织后片，而前片的针眼用防解别针扣住，暂时不织。
3.分配后身片的针数到棒针上，用12号针编织，起织时两侧需要同时减针织成袖窿，减针方法为1-3-1，2-1-6，两侧针数各减少9针，余下110针继续编织，两侧不再加减针，织至第303行时，中间留取74针不织，用防解别针扣住，两端相反方向减针编织，各减少4针，方法为2-2-2，最后两肩部余下14针，收针断线。
4.前片的编织。先编织左前片，左前片的左侧是袖窿，起织时左侧同时减针，减针方法为1-3-1，2-1-6，共减少9针，右侧是衣襟边，不加减针织18行，第19行开始减针织成领口，减针方法为2-2-7，4-2-11，共减36针，共织80行，最后肩部余下14针，收针断线。相同方法相反方向编织右前片。
5.前片与后片的两肩部对应缝合。

个性大披肩

【成品规格】衣长75cm，袖长38cm
【工　　具】8号棒针，缝针
【编织密度】18针 2 6.5行=10cm²
【材　　料】ABCD四种颜色毛线各300g

符号说明：
☐ = ☐ 下针
☐ 上针
☒ 镂空针
☒ 左上2针并1针
☒ 延伸上针面

行-针-次

花样A

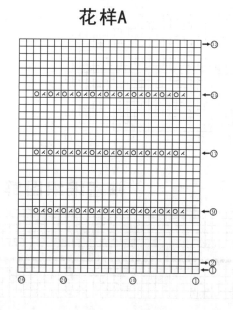

155

前后身片编织说明：

1. 前、后身片为一片编织，用A、B、C、D四种颜色线交替换线编织整个身片。

2. 用A色线从右门襟处起单罗纹针134针，编织4行单罗纹花样，第5行开始将针数分为27针一个花样编织，共分5个花，除第5个花只有26针外，其余 个花的后面一针均编织延伸上针。5个花的编织花样按结构图所示，第一个花编织花样A，第2个花编织下针，第3个花编织花样A，第4个花编织下针，第5个花编织花样A。共编织32行。

3. 第37行换B色线，编织方法同上，但花样和全下针部分交换位置，共编织32行。换C、D线的编织方法以此类推。

4. 第181行和第341行处开袖窿，方法为先平收此行的第30～80针，编织到下一行时在相同位置用下针起针法加出50针。身片编织520行后，收针断线。

	A色线
	B色线
	C色线
	D色线

花样B（单罗纹）

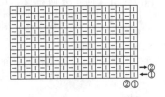

花样C

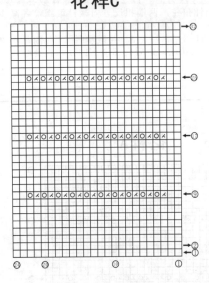

（8号棒针）

袖窿编织图解

起50针
收50针

75cm（135针）

15cm（27针）

12cm（32行）

1.5cm（4行）单罗纹

编织方向

第181行开袖窿
第30～80针平收50针
第182行再收针处加50针

第341行开袖窿
第30～80针平收50针
第342行再收针处加50针

196cm（520行）

前后身片

1.5cm（4行）单罗纹

左袖片
（8号棒针）

右袖片
（8号棒针）

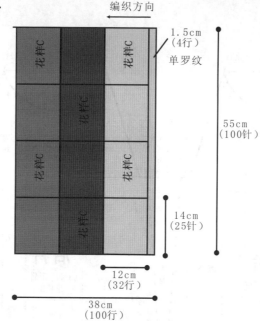

编织方向

1.5cm
（4行）
单罗纹

55cm
（100针）

14cm
（25针）

12cm
（32行）

38cm
（100行）

袖片编织说明：

1. 袖片为两片编织，按袖片结构图示选用A、B、C、D四种色线编织。

2. 从袖口处起单罗纹针100针，编织4行单罗纹花样，第5行开始将针数分为25针一个花样编织，共分4个花，一个花的最后一针均编织延伸上针。4个花的编织排列按结构图所示，第一个花编织花样C，第2个花编织下针，第3个花编织花样C，第4个花编织下针，花样编织32行。

3. 第37行换线，编织方法同上，但花样C和全下针部分交换位置，共编织32行。第3次线的编织方法以此类推。一种色线编织一个花样为32行。单个袖片用3种色线，编织100针后收针断线。同样方法编织另一袖片。

4. 将袖片对齐身片的袖窿缝合，再将袖底缝缝合。

裙式短袖毛衣

【成品规格】 上衣长89cm，下摆宽74cm，袖长25cm

【工　　具】 8号棒针，8号环形针

【编织密度】 衣领/衣摆：19.5针 2 2.5行=10cm²
衣身：16.4针 1 8.8行=10cm²

【材　　料】 中粗晴纶线800g，深灰色

符号说明：

□	上针	⊠	左并针
□=回	下针		3针左并针
2-1-3	行-针-次		右上2针与左下2针交叉
↑ 编织方向		⊠	右上1针与左下1针交叉
	右上3针与左下3针交叉		右上2针与左下1针交叉
	元宝针		

花样A
（衣摆图解及减针方法）

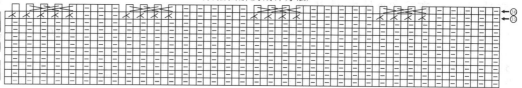

花样C
（袖片图解）

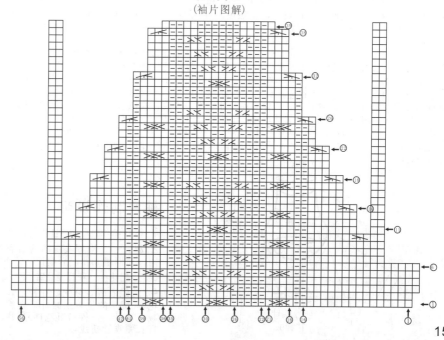

花样E
（袖口元宝针图解）

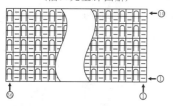

157

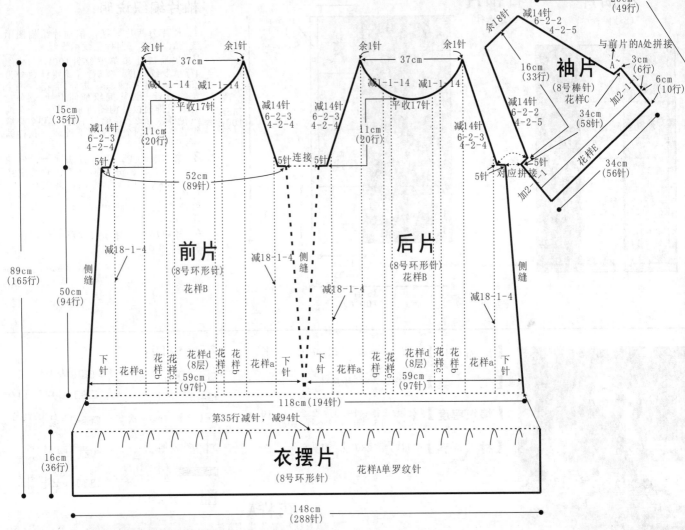

前片/后片/衣摆/袖片制作说明：

1. 棒针编织法。袖窿以下一片编织完成，袖窿起分为前片、后片来编织。织片较大，可采用环形针编织。全用深灰色线来编织。

2. 起针。单罗纹起针法，起288针，首尾闭合。

3. 编织衣摆片。将起针的288针，首尾闭合，进行环织，编织花样A单罗纹针，2针一组，一圈共144组罗纹，无加减针，编织34行的高度。在编织第35行时，依照花样A的减针方法，分散减针，一圈共减少94针，编织36行时，在减针的位置上，进行棒绞编织，织成如图的交叉花样。衣摆呈喇叭状，下阔上窄。

4. 花样的分配。减针后的针数为194针，将194针分成两半，一半针数为97针，参照花样B，将97针分配成图解中花样a，花样b，花样c，花样d，以及两侧的下针，下针共11针。花样a、花样b、花样c、花样d的针数如花样B所示。同样后片的花样分配与前片相同。

5. 衣身的编织。分配好花样针数后，依照图解往上编织，但在下针花样与花样a连接处，以下针花样的第1针所在列，作减针所在变化列，在这列上，编织18行的高度，2针并1针，即减少1针，这样的织法共进行4次，次一圈共减少4针。减针行共织成72行，然后无加减针，再往上编织22行的高度，完成袖窿下的衣身编织。进入下一步袖片编织。

6. 袖片的编织。要先完成袖片的编织，才能进入衣身袖窿以上的编织，单罗纹起针法，起56针，首尾闭合，进行环织，2针1组，编织花样E元宝针，无加减，共织10行的高度，第11行起，将织片依照花样C，分配花样针数，在织第13行时，下针最尾1针，作加针所在列，加2-1-1，将织片加成58针的宽度，共织成16行的袖身和袖口。暂停编织袖山，以相同的方法，去编织另一只袖身。

7. 回到衣身上。前片与后片相连接处为下针花样，取最中间的前片5针和后片5针，再选取袖身的下针花样的10针，进行拼接收针，即将衣身的针眼与袖身相对应的针眼，两针并作一针编织，再收针收掉这10针。袖身余下的针数，留在棒针上，然后用同样的方法，将另一只袖身与衣身拼接。用另一根同型号的环形针，依照前片-右袖身-后片-左袖片的顺序，将它们的针移到这根环形针上。完成后，进行环织，并在花样B与花样C所示的位置上，进行减针编织。侧各减少14针。前片和后片的两侧，织至最后一行余下1针。袖片肩部余下18针。

8. 前片和后片的衣领编织。前片和后片从袖窿织起，织成20行后，中间收针17针，两边相反方向减针，减针方法为1-1-14，减至最后一行余下1针。

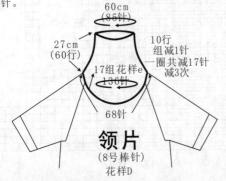

袖片制作说明：

1. 棒针编织法。用8号棒针进行环织。

2. 起针。是沿着衣身的前后衣领边，挑下针编织，前片和后片的衣领结构相同，前面挑68针，后面挑68针下针。

3. 分配花样。花样是由2针下针，6针上针组成，一圈136针，共分成17组花样。

4. 编织衣领。分配好花样后，环织，编织10行的高度时，如图花样D，在一组花样e所示的位置上减1针，再编织10行时，再减1次针，在编织至第30行时，一圈17组花样e，共减掉17针，减3次后，无加减针，编织20行后，将衣领收针断线。

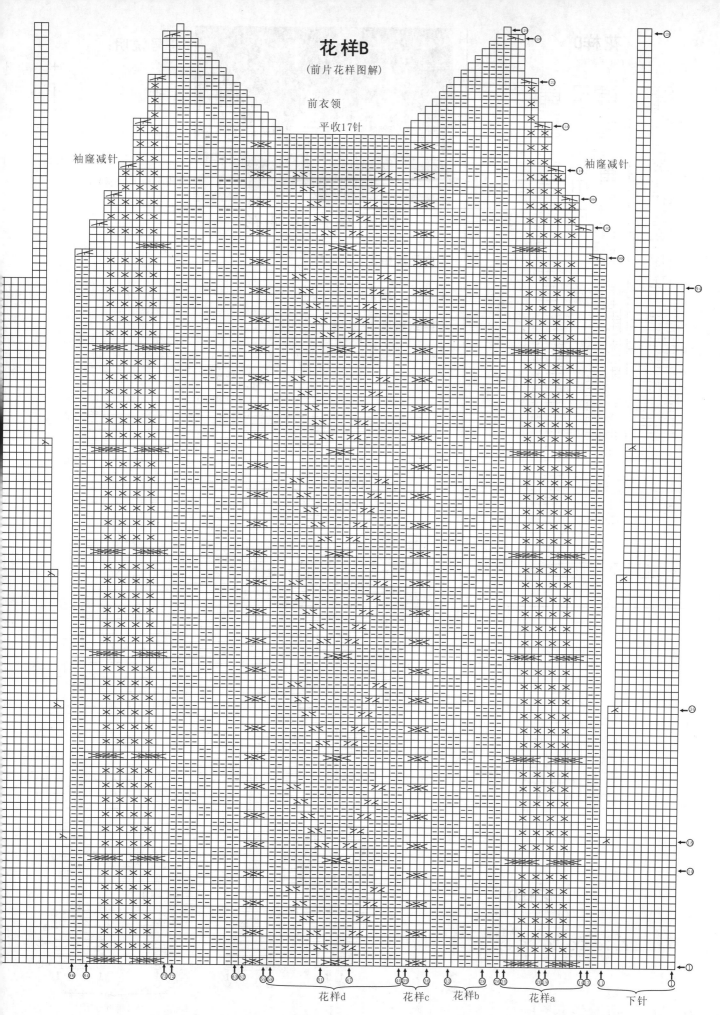

花样B

（前片花样图解）

前衣领

平收17针

袖窿减针

袖窿减针

花样d　　花样c　花样b　　花样a　　下针

花样D

（领片图解）

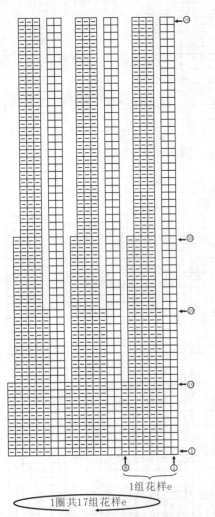

1组花样e

1圈共17组花样e

钩织结合短袖衫

【成品规格】衣长65cm，下摆宽53cm

【工　　具】12号棒针，12号环形针，3.0钩针

【编织密度】34针 5 4行=10cm²

【材　　料】竹炭纤维线350g，绿色

花样B

（领片叶子花图解）

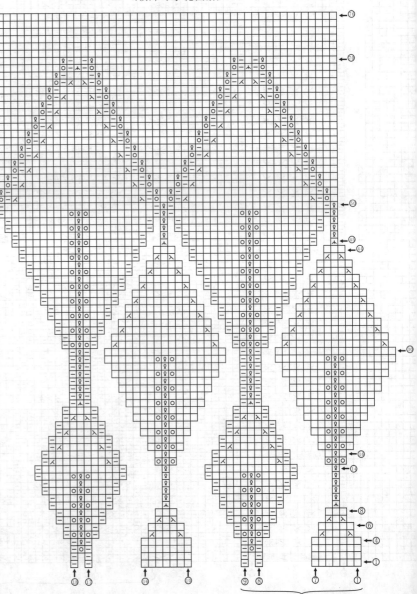

9针1组叶子花

花样A

（仿机织包边衣领图解）

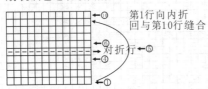

第1行向内折
回与第10行缝合

对折行

花样D

（衣领花边图解）

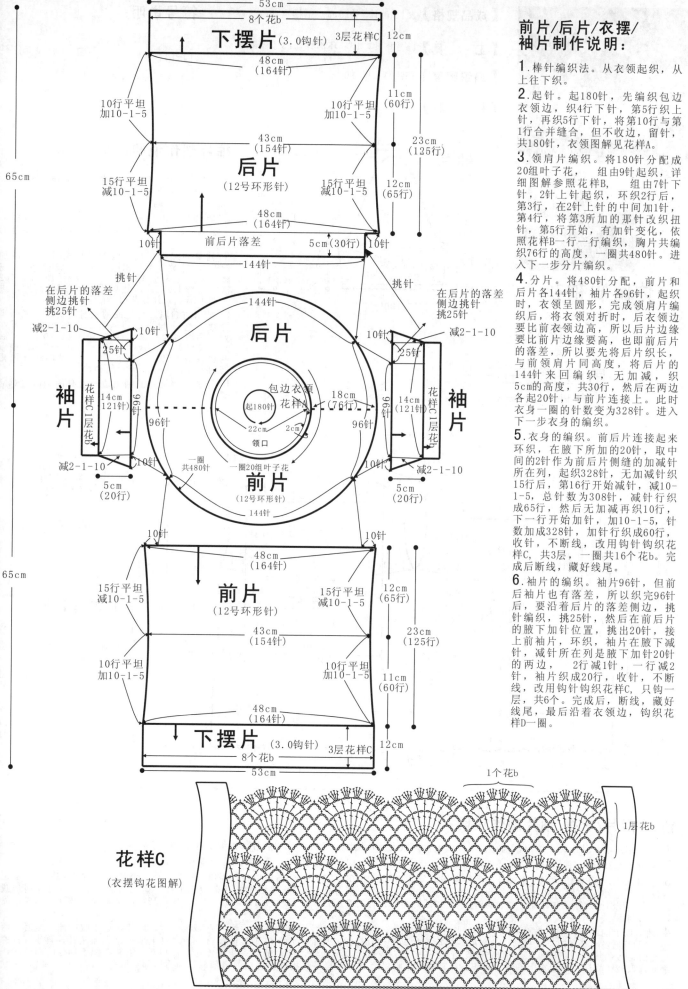

**前片/后片/衣摆/
袖片制作说明：**

1.棒针编织法。从衣领起织，从上往下织。

2.起针。起180针，先编织包边衣领边，织4行下针，第5行织上针，再织5行下针，将第10行与第1行合并缝合，但不收边，留针，共180针，衣领图解见花样A。

3.领肩片编织。将180针分配成20组叶子花，组由9针起织，详细图解参照花样B，组由7针下针，2针上针起织，环织2行，第3行，在2针上针的中间加1针，第4行，将第3所加的那针改织扭针，第5行开始，有加针变化，依照花样B一行一行编织，胸片共编织76行的高度，一圈共480针。进入下一步分片编织。

4.分片。将480针分配，前片和后片各144针，袖片各96针，起织时，衣领呈圆形，完成领肩片编织后，将衣领对折时，后衣领边要比前衣领边高，所以后片边缘要比前片边缘要高，也即前后片的落差，所以要先将后片织长，与前领肩片同高度，将后片的144针来回编织，无加减，织5cm的高度，共30行，然后在两边各起20针，与前片连接上。此时衣身一圈的针数变为328针。进入下一步衣身的编织。

5.衣身的编织。前后片连接起来环织，在腋下所加的20针，取中间的2针作为前后片侧缝的加减针所在列，起织328针，无加减织15行后，第16行开始减针，减10-1-5，总针数为308针，减针行织成65行，然后无加减再织10行，下一行开始加针，加10-1-5，针数加成328针，加针行织成60行，收针，不断线，改用钩针钩织花样C，共3层，一圈共16个花b。完成后断线，藏好线尾。

6.袖片的编织。袖片96针，但前后袖片也有落差，所以织完96针后，要沿着后片的落差侧边，挑针编织，挑25针，然后在前后片的腋下加针位置，挑出20针，接上前袖片，环织，袖片在腋下减针，减针所在列是腋下加针20针的两边，2行减1针，一行减2针，袖片织成20行，收针，不断线，改用钩针钩织花样C，只钩一层，共6个。完成后，断线，藏好线尾，最后沿着衣领边，钩织花样D一圈。

花样C

（衣摆钩花图解）

1个花b

1层花b

休闲短袖衫

【成品规格】衣长60cm，袖19cm，下摆宽45cm

【工　具】15号棒针，13号环形针，13号棒针

【编织密度】35针 45行=10cm²

【材　料】竹炭纤维线350g，绿色

符号说明：

□　上针

□=回　下针

2-1-3　行-针-次

↑　编织方向

☒　上针左并针

回　镂空针

回回回　铜钱花

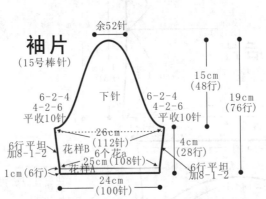

袖片
（15号棒针）

余52针

下针

6-2-4
4-2-6
平收10针

6-2-4
4-2-6
平收10针

15cm
(48行)

19cm
(76行)

6行平坦
加8-1-2

花样B
6个花a

26cm
(112针)

25cm(108针)

花样A

4cm
(28行)

6行平坦
加8-1-2

1cm(6行)

24cm
(100针)

花样A
（起针花样）

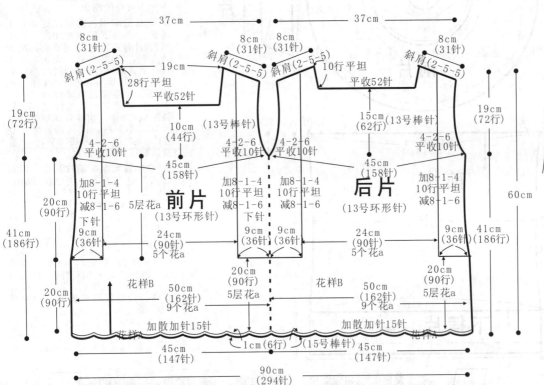

37cm　　37cm

8cm
(31针)

8cm
(31针)

8cm
(31针)

8cm
(31针)

斜肩(2-5-5)

斜肩(2-5-5)

斜肩(2-5-5)

斜肩(2-5-5)

19cm
28行平坦
平收52针

10行平坦
平收52针

19cm
(72行)

19cm
(72行)

10cm
(44行)(13号棒针)

15cm(62行)(13号棒针)

4-2-6
平收10针

4-2-6
平收10针

4-2-6
平收10针

4-2-6
平收10针

45cm
(158针)

45cm
(158针)

60cm

加8-1-4
10行平坦
减8-1-6

加8-1-4
10行平坦
减8-1-6

加8-1-4
10行平坦
减8-1-6

20cm
(90行)

5层花a

前片
（13号环形针）

后片
（13号环形针）

41cm
(186行)

下针
9cm
(36针)

24cm
(90针)
5个花a

9cm
(36针)

9cm
(36针)

24cm
(90针)
5个花a

9cm
(36针)

41cm
(186行)

20cm
(90行)

花样B

50cm
(162针)
9个花a

5层花a

花样B

50cm
(162针)
9个花a

5层花a

20cm
(90行)

花样A

加散加针15针

加散加针15针

花样A

45cm
(147针)

1cm(6行)
(15号棒针)

45cm
(147针)

90cm
(294针)

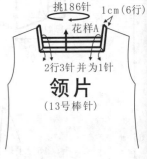

领片
（13号棒针）

挑186针

1cm(6行)

花样A

2行3针并为1针

袖片制作说明：

1. 棒针编织法。短袖，从袖口起织，袖山收圆肩。

2. 起针。下针起针法，用15号棒针起织，起100针，首尾连接。

3. 袖口的编织。起针后，编织花样A搓板针，无加减编织6行的高度后，进入下一步袖身的编织。

4. 袖身的编织。从完成的袖口第6行，分散加针8针，针数变为108针，将之分成6个花a，在腋下那边进行加针，　边织8行加1针，加2次，一圈共加2针，然后无加减织6行高度，进入袖山编织。针数共112针。

5. 袖山的编织。将完成的袖身对折，分成两半针数，选一侧的最边两针，作袖山减针所在列，环织改为片织，两端各平收针10针，然后进入减针编织，减针方法4-2-6，6-2-4，袖山两边各减掉20针，余下52针，收针断线。以相同的方法，再编织另一只袖片。

6. 缝合。将袖片的袖山边与衣身的袖窿边对应缝合。

领片制作说明：

1. 棒针编织法。

2. 起针。沿着前后衣领边挑针，挑186针。

3. 编织衣领。花样图解见花样A，为搓板针花样，共织6行的高度，在衣领边的4个角上，进行收针，　织2行时，将角上的3针并为1针，共并针3次。完成6行后，收针断线。

前片/后片/衣摆/袖片制作说明：

1. 棒针编织法。从下往上编织，袖窿以下环织，袖窿以上分片编织，分成前片和后片。再编织两个袖片。

2. 起针。起294针，首尾连接，用15号棒针，起织花样A搓板针，即一行上针，一行下针，重复编织3次，共6行。

3. 衣身编织。织6行后，改用13号环形针编织，分散加针，加30针，将294针加成324针，将324针分配成18个花a，　个花18针，一层花共18行，无加减针5层的高度时，将织片对折，前面和后片的中间各留5个花a继续编织，其余改织下针。前片与后片的两侧缝分别加针，先　织8行减1针，共减6次，织高48行，无加减针再织10行的高度后，　织8行加1针，共加4次，织高32行，至袖窿共90行。完成袖窿以下的编织。

4. 袖窿以上的编织。将针数分两半，　一半针数为158针，将前片的针数用防解别针扣住，先编织后片，后片两边平收10针，然后，两边　织4行减2针，减6次，织高24行的高度，然后无加减针织38行的高度时，中间选取52针收针，两边直上编织，无加减，再织10行的高度时，收斜肩，即折回编织，边留5针返回，2-5-5，完成后，收针断线。前片的袖窿边减针与后片相同，衣领在织至44行的高度时，中间选取52针收针，两边直上编织，再织28行高度时，收斜肩，方法与后片相同，完成前肩部时，与后肩部对应缝合。

162

花样B

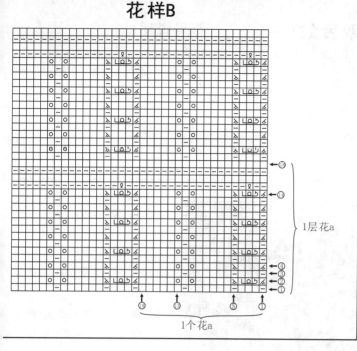

1层花a

1个花a

冷艳圆领羊绒衣

【成品规格】衣长61cm，下摆宽42cm，袖长24cm

【工　　具】13号棒针

【编织密度】30.5针 3 9行=10cm²

【材　　料】羊毛绒线375g，天蓝色

42cm（136针）

3.5cm（14行）

花样B

全下针编织

后片（13号棒针）

30cm（117行）

61cm

前后片落差20行

4-1-4 4行平坦　平收10针

平收22针

减2-10-4 留28针 减2-10-4

37cm（108针）

2针 插肩缝

4-1-4 4行平坦 平收10针

平收22针

4-1-4

35cm（140行）

加14-1-10

右袖片（13号棒针）全下针

26cm（80针）花样B

3.5cm（14行）

34cm（100行）

30cm（60针）

插肩缝2针

领口168针 28组花a

18cm（79行）花样A

4-1-4

加14-1-10

平收10针

插肩缝2针

4行平坦 4-1-4 平收10针

减2-10-4 减2-10-4

37cm（108针）留28针

42cm（136针）

4-1-4

加14-1-10

左袖片全下针

30cm（60针）

4-1-4

26cm（80针）花样B

3.5cm（14行）

35cm（140行）

平收10针

前片（13号棒针）

30cm（117行）

全下针编织

花样B

3.5cm（14行）

42cm（136针）

前片/后片/衣摆/袖片制作说明：

1. 棒针编织法。从下往上织，环织前后片，再单独编织两袖身，连接成片后再环织至领口。用13号棒针编织。

2. 起针。双罗纹起针法，起272针，首尾连接，环织，无加减编织花样B双罗纹，共织14行的高度，完成衣摆边编织。

3. 前后片的编织。完成衣摆边后，改织下针，无加减针，编织117行的高度，将衣身对折，前片两边各收针收掉10针，后片两边各收针收掉10针，即一次一边收掉20针。分别将前片和后片的针数各移到一根棒针上。将后片无加减织高20行，这是前后片的落差，可以让前后的衣领边不在同一个高度。暂停编织。先进入下一步袖片的编织。

4. 袖片的编织。从袖口起织，双罗纹起针法，起80针，首尾连接，环织双罗纹，织14行的高度。从第15行起，全改织下针，在腋下加针处对称加针，一圈加2针，织14行，加1次针，共加10次，将袖身加

成140行针数为100针。以加针处为中心，袖片位于前片这边，选10针，位于后片这边，选22针，从袖片前面10针起，取20针与前片和后片的腋下收针处，1针对1针缝合，余下的12针，与后片的前后片落差（20行）两侧边挑针缝合。

5. 领片的编织。将前后片与袖片连接后，将所有的针数连接起来作一圈编织。一圈共360针，在腋下留4针作插肩缝，两边同时减针，织4行减1次针，两边各减1针，一圈下来共减掉8针。重复减4次，织成16行，减掉32针，再无加减织4行下针。此时针数为336针。将其分成28组编织，组织花a，此后的减针编织在一组花a里进行，减针方法参照花样A。共编织79行，最后衣领的针数余下16针，收针断线。

163

花样A

花样B（双罗纹）

4针一花样

1组花a

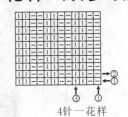

叶子花羊绒衫

【成品规格】衣长59cm，下摆宽45cm

【工　　具】14号棒针，14号环形针，1.25mm钩针

【编织密度】36针 4 4行=10cm²

【材　　料】蓝色棉线500g

制作说明：

1. 整件衣服从衣领往下圈织至衣摆。起308针编织花样A下针，织4行后，织1行上针，再织4行花样A，开始编织花样B。14针一个花样，共起22个花样，花样分布及加针方法详见花样B图解，织至484针（花样B共织60行）后，开始分袖隆。整件衣服分为前身片、后身片、左右袖片4部分，146针+96针+146针+96针。先编织后片，而前片及两袖片的针数用防解别针扣住暂时不织。

2. 分配后片的针数到环形针上，编织花样A，织4cm（18行）后，第19行起与前片连起来圈织，方法为：先织完后片的146针，加起8针，再织前片146针，再加起8针，再圈织回后片，不加减针往下织，编织32cm的高度后，收针，改为钩织花样C，钩5行，收针断线。

3. 衣袖编织。分配袖片的针数到棒针上，共96针，编织花样A，编织完成后，挑织后身片加织的18行，共挑14针，再挑织前后片加起的8针，共118针圈织，一边织一边织袖底减针，减针方法是：确定袖底中心缝，两边同时减针，减针方法是4-1-20，两侧各减去20针，共织37cm（162行）长度后，收针。改为钩织花样C，钩5行，收针断线。同样的方法编织另一个衣袖。

4. 衣领钩织。沿领口钩织2行花样D，收针断线。

45cm（162针）

花样C（1.25mm钩针）

5cm（5行）

前/后片
（14号针）
花样A

32cm（140行）

■挑起14针

袖底两侧各减4-1-20

8针

146针

前后差4cm

8针

袖底两侧各减4-1-20

8针

前后片各242针

8针

袖片
（14号针）
花样A

花样
C

11cm
78针

48针

花样B
（14号针）

袖隆
前后各48针

袖隆
前后各48针

48针

袖片
（14号针）
花样A

花样
C

11cm
78针

5cm（5行）

37cm（162行）

15cm（66行）

起308针
起织双层花样A

15cm（66行）

37cm（162行）

5cm（5行）

花样A

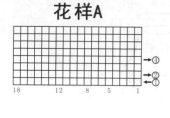

花样C

花样D

花样B

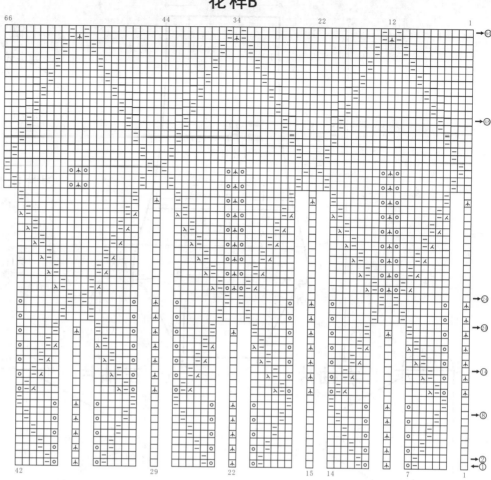

修身毛衣裙

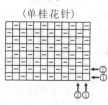

【成品规格】衣长81cm，袖长25cm，下摆宽28cm

【工　　具】10、11号棒针

【编织密度】38针 4 5行=10cm²

【材　　料】纯毛羊绒型细毛线700g，灰色

符号说明：

□　上针

□=□　下针

2-1-3　行-针-次

↑　编织方向

▨▨▨　左上2针与右下2针相交叉

花样C

（腰部棒绞花样）

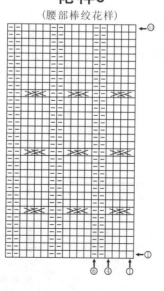

花样D

（下摆花样）

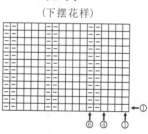

花样E（双罗纹）

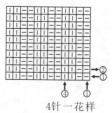

4针一花样

花样A

（单桂花针）

花样B

小球织法

■ =

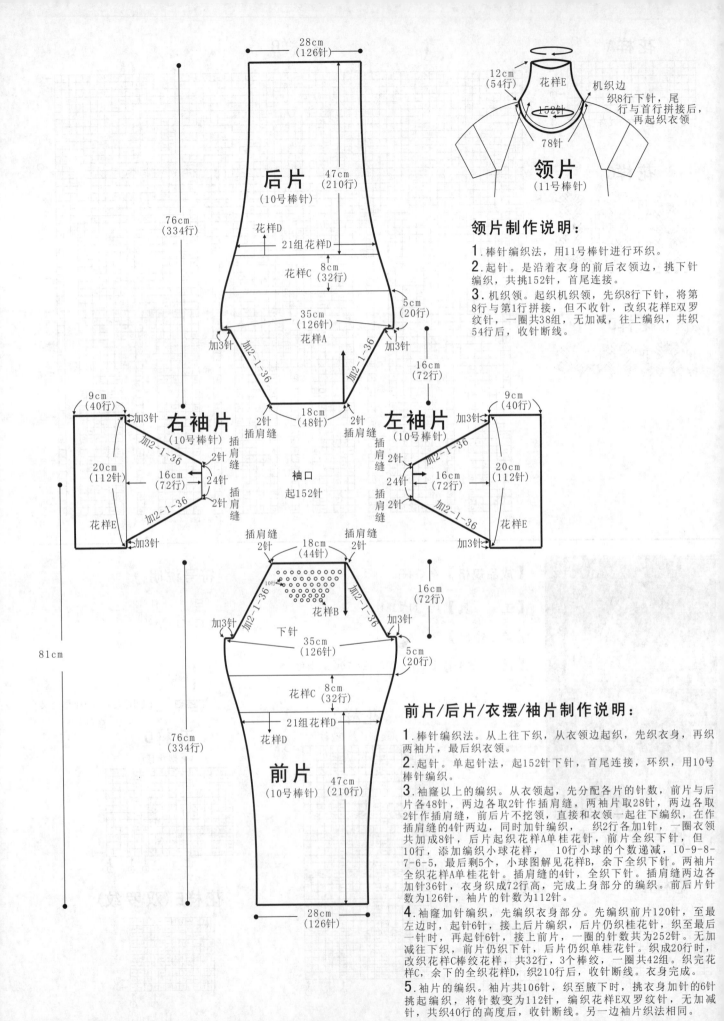

28cm
(126针)

后片
(10号棒针)

47cm
(210行)

76cm
(334行)

花样D

21组花样D

花样C

8cm
(32行)

35cm
(126针)
花样A

加3针

加2-1-36

加3针

加2-1-36

5cm
(20行)

16cm
(72行)

12cm
(54行)

花样E

机织边

152针

织8行下针，尾
行与首行拼接后，
再起织衣领

78针

领片
(11号棒针)

领片制作说明：

1.棒针编织法，用11号棒针进行环织。

2.起针。是沿着衣身的前后衣领边，挑下针
编织，共挑152针，首尾连接。

3.机织领。起织机织领，先织8行下针，将第
8行与第1行拼接，但不收针，改织花样E双罗
纹针，一圈共38组，无加减，往上编织，共织
54行后，收针断线。

9cm
(40行)

加3针

右袖片
(10号棒针)

20cm
(112针)

16cm
(72行)

加2-1-36

插肩缝

2针

24针

插肩缝

2针

插肩缝

加2-1-36

花样E

加3针

2针
插肩缝

18cm
(48针)

2针
插肩缝

袖口

起152针

左袖片
(10号棒针)

插肩缝

2针

24针

插肩缝

2针

加2-1-36

16cm
(72行)

加3针

9cm
(40行)

加3针

20cm
(112针)

加2-1-36

花样E

81cm

76cm
(334行)

插肩缝
2针

18cm
(44针)

插肩缝
2针

加2-1-36

10行

花样B

加2-1-36

16cm
(72行)

加3针

下针

加3针

35cm
(126针)

5cm
(20行)

花样C

8cm
(32行)

21组花样D

花样D

前片
(10号棒针)

47cm
(210行)

28cm
(126针)

前片/后片/衣摆/袖片制作说明：

1.棒针编织法。从上往下织，从衣领边起织，先织衣身，再织
两袖片，最后织衣领。

2.起针。单起针法，起152针下针，首尾连接，环织，用10号
棒针编织。

3.袖窿以上的编织。从衣领起，先分配各片的针数，前片与后
片各48针，两边各取2针作插肩缝，两袖片取28针，两边各取
2针作插肩缝，前后片不挖领，直接和衣领一起往下编织，在
作插肩缝的4针两边，同时加针编织，织2行各加1针，一圈衣领
共加成8针，后片起织花样A单桂花针，前片全织下针，但
10行，添加编织小球花样，10行小球的个数递减，10-9-8-
7-6-5，最后剩5个，小球图解见花样B，余下全织下针。两袖片
全织花样A单桂花针。插肩缝的4针，全织下针。插肩缝两边各
加针36针，衣身织成72行高，完成上身部分的编织。前后片针
数为126针，袖片的针数为112针。

4.袖窿加针编织，先编织衣身部分。先编织前片120针，至最
左边时，起针6针，接上后片编织，后片仍织桂花针，织至最后
一针时，再起针6针，接上前片，一圈的针数共为252针。无加
减往下织，前片仍织下针，后片仍织单桂花针。织成20行时，
改织花样C棒绞花样，共32行，3个棒绞，一圈共42组。织完花
样C，余下的全织花样D，织210行后，收针断线。衣身完成。

5.袖片的编织。袖片共106针，织至腋下时，挑衣身加针的6针
挑起编织，将针数变为112针，编织花样E双罗纹针，无加减
针，共织40行的高度后，收针断线。另一边袖片织法相同。

166

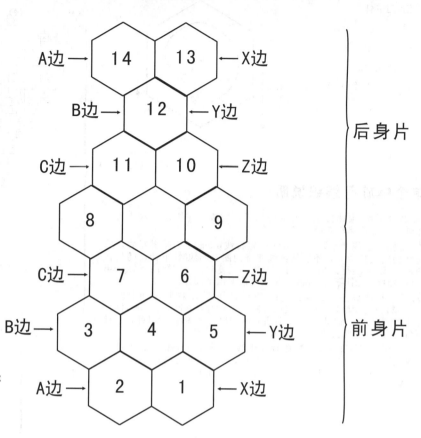

螺旋花排列示意图

A边→ 14 13 ←X边
B边→ 12 ←Y边
C边→ 11 10 ←Z边
8 9
C边→ 7 6 ←Z边
B边→ 3 4 5 ←Y边
A边→ 2 1 ←X边

后身片

前身片

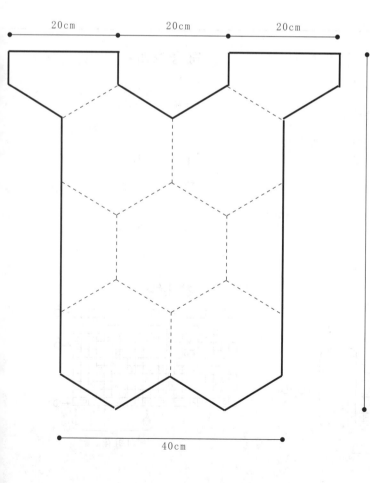

20cm 20cm 20cm

80cm

40cm

风车花短袖衫

【成品规格】 衣长80cm，下摆宽40cm

【工 具】 10号棒针，13号棒针

【编织密度】 10cm² =51针 5 1行

【材 料】 豆沙色线200g，橘红色线50g

长款短袖编织说明：

1.采用螺旋花拼接编织，整衣由14个螺旋花组成。花样排列见螺旋花排列示意图。单个螺旋花针法详见螺旋花编织图解， 个螺旋花均用橘红色和豆沙色二色线编织。

2.用10号棒针编织螺旋花。从前身片的第1个花样开始编织，第1个花样编织完可先用环形针穿住防脱针。第2个螺旋花编织最后一行时留一条边不织，将此边与第1个花样对应边上的留针一一对应并针、锁边收针编织，使其拼接到一起。第3个螺旋花编织及拼接如同第2个花。

3.第4个螺旋花，编织最后一行时留两条边不织，将此两个边与第3个花样及第2个花样对应边上的留针一一对应并针、锁边收针编织，使其拼接到一起。第5、第6个螺旋花编织同第4个花。

4.第7个螺旋花的最后一行留3条边拼接、锁边收针编织。第8、第9个螺旋花的最后一行留1条边拼接、锁边收针编织。

5.后身片的螺旋花拼接要注意，不仅要与相邻花拼接、锁边收针，同时还要与前身片的对应边拼接、锁边收针。如第11个花的最后一行要与第8、第10个花拼接、锁边收针编织，还要与第7个花的C边拼接、锁边收针编织。第12个花有4条边拼接、锁边收针编织。

6.14个螺旋花编织拼接完成后，用13号棒针编织衣摆边，先将衣摆的300针 10针减1针，并为270针，编织单罗纹花样8行，收针断线。

7.用13号棒针编织衣领边，先将领窝的222针均匀并为180针后编织单罗纹花样8行，收针断线。

8.用13号棒针分别将左、右衣袖3条边的114针编织单罗纹花样2行，收针断线。

棒针符号说明：

- □=□ 下针
- □ 上针　上针
- ▣ 镂空针镂空针
- ☑ 左上2针并1针
- ☒ 左上2针并1针

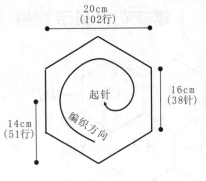

20cm
(102行)

16cm
(38针)

14cm
(51行)

起针

编织方向

豆沙色线

螺旋花编织图解

1/6花瓣图解

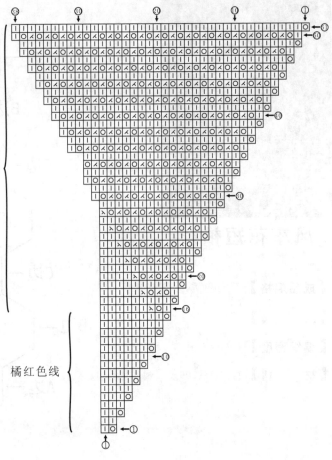

橘红色线

单个螺旋花编织说明：

1.花样采用4根棒针从中心向外编织，完成的花样是正六边形。详细见螺旋花编织图解。

2.用橘红色线起织，起头方法：先将线绕2圈（花样织好后，将起绕的线头拉紧），不换线继续在绕的圈上起织6针下针，随后按图解编织。第1行：加1针，1针下针。重复6次；第2行：下针；第3行：加1针，2针下针。6次。如此类推编织至15行。

3.第16行换豆沙色线编织：1针下针，加1针，右上2针并1针，6次。第17行：加1针，9针下针，6次。第18行：1针下针，加1针，左上2针并1针，加1针，右上2针并1针，6次。第19行：加1针，10针下针。6次。如此类推编织至29行。

4.第30行：1针下针，7次加1针左上2针并1针，加1针，1针下针，重复6次。第31行：加1针，17针下针，6次。如此类推编织至51行，花瓣针数加至38针，共228针，留在针上。

温暖长袖毛衣

【成品规格】衣长59cm，下摆宽40cm，袖长58cm

【工　　具】11号棒针，11号环形针

【编织密度】29针 37行=10cm²

【材　　料】长毛羊毛绒线375g，铁绣红色

符号说明：

- □ 　　上针
- □=□ 　下针
- 2-1-3 　行-针-次
- ↑ 　　编织方向
- ☒ 　　右并针
- ▣ 　　镂空针
- ▲ 　　中上3针并1针

花样A

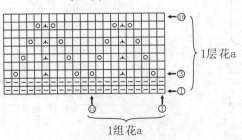

1层花a

1组花a

花样B

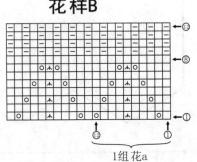

1组花a

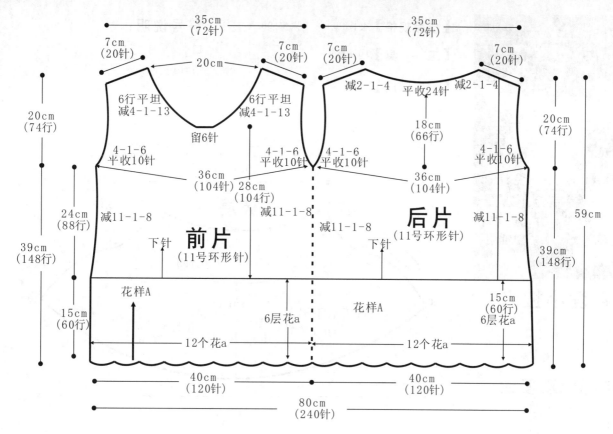

前片/后片制作说明：

1. 棒针编织法。从下往上织，织法简单，袖窿以下环织而成，袖窿以上分成前片与后片，袖片两片。

2. 起针。下针起针法，起240针，首尾连接，环织。

3. 衣身的编织。起针后，先编织2行上针，再把240针分成24组花a，依照花样A图解编织镂空花样一层，共8行，然后重复编织上针与镂空花样，共编织6层的高度，共60行，然后改织下针，并在衣身侧缝两边，进行减针，织11行减1针，一圈共减少4针，共减8次，织至袖窿，共88行的下针行。

4. 袖窿以上的编织。将针数分成两半，一半各104针，分别用两根棒针编织，先编织后片，两边先平收10针，然后同时减针，织4行减1针，减6次，一边各减少6针，然后不加减针往上编织，织至袖窿起的66行时，从中间选取24针收针，两边相反方向减针，减2-1-4，各减掉4针，两肩部余下20针，收针断线。前片的编织：袖窿两边减针与后片相同，而衣领是织至袖窿起16行的高度时，中间取6针不织（不是收针），两边相反方向减针，减4-1-13，共织成52行，然后无加减针织6行后，与后片相对应肩部，一针对一针地缝合。

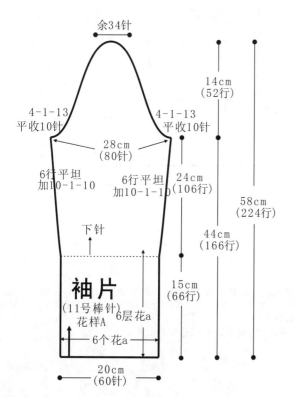

袖片制作说明：

1. 棒针编织法。长袖从袖口起织。袖山收圆肩。

2. 起针。下针起针法，用11号棒针起织，起60针，首尾连接。

3. 袖口的编织，起针后，先编织2行上针，再编织6个花a，然后重复这两步，共织6层花a。图解见花样A。

4. 袖身的编织。完成花样A后，至肩部全织下针，起织时，从一处选两针作加针所在列，织10行加1针，一行即加2针，共加10次，织成100行，然后无加减针织6行后，开始袖山减针编织。

5. 袖山的编织。将减针处为中心，向两边减针，环织改成片织，即来回编织，两边平收10针，再织4行减1针，共减13针，织成52行，最后余下34针，收针断线。以相同的方法去编织另一只袖片。

6. 缝合。将袖片的袖山边与衣身的袖窿边对应缝合。

可爱小披肩

【成品规格】衣长35cm，下摆宽100cm

【工　　具】10号棒针

【编织密度】20针　25行=10cm²

【材　　料】红色粗粒毛绒线500g

符号说明：

□　　上针

□=□　下针

2-1-3　行-针-次

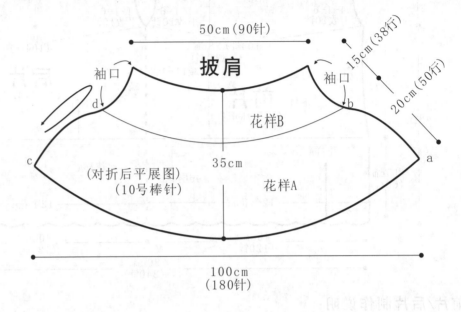

50cm（90针）

披肩

15cm（38行）

20cm（50行）

袖口

袖口

花样B

35cm

（对折后平展图）
（10号棒针）

花样A

100cm
（180针）

花样A（双罗纹）

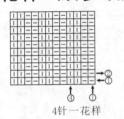

4针一花样

花样B（单罗纹）

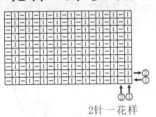

2针一花样

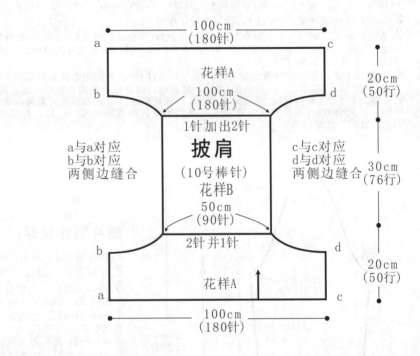

100cm
（180针）

花样A

100cm
（180针）

1针加出2针

披肩
（10号棒针）
花样B

a与a对应
b与b对应
两侧边缝合

c与c对应
d与d对应
两侧边缝合

50cm
（90针）

2针并1针

花样A

100cm
（180针）

20cm
（50行）

30cm
（76行）

20cm
（50行）

披肩制作说明：

1.棒针编织法。一片编织而成，主要由双罗纹针与单罗纹针组成。

2.起针。双罗纹起针法，起180针，来回编织，用10号棒针编织。

3.起织。编织双罗纹针，无加减针，织50行的高度，在第51行时，2针并为1针，即2针下针并为1针，织下针，2针上针并为1针，织上针，如此重复，将一行双罗纹全并针数，针数也改为90针，减少一半。继续来回编织单罗纹针，织76行高度后，进行加针，1针加成2针，将单罗纹针加成双罗纹针，然后无加减针再织50行的双罗纹针高度后，收针断线。

4.拼接。如结构图所示，将a与a对应，b与b对应，将这两侧边缝合。而c与c对应，d与d对应，两侧边缝合。

清新短袖衫

【成品规格】衣长47cm，下摆宽42cm，袖长10cm

【工　　具】8号棒针，缝针

【编织密度】30针 40行=10cm²

【材　　料】棉线200g

符号说明：

□=□ 下针　　　　　　□ 上针

◎ 镂空针　　　2-1-3 行-针-次

☑ 左上2针并1针　　☒ 右上2针并1针

⊠ 中上3针并1针

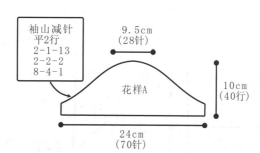

袖山减针
平2行
2-1-13
2-2-2
8-4-1

9.5cm
（28针）

花样A

10cm
（40行）

24cm
（70针）

袖片编织说明：

1. 袖片为两片，分别单独编织，从袖口起织编织至袖山。

2. 袖片起70针，编织花样A，5个花。

3. 第8行开始在袖片两侧进行减针，方法顺序为8-4-1，2-2-2，2-1-13，至10cm，40行时针数剩余针数为28针，直接收针断线。

4. 同样的方法编织另一袖片。

5. 将两袖片的袖山与衣身的袖窿线边对应缝合，再缝合袖片的袖底缝。

袖片编织图解

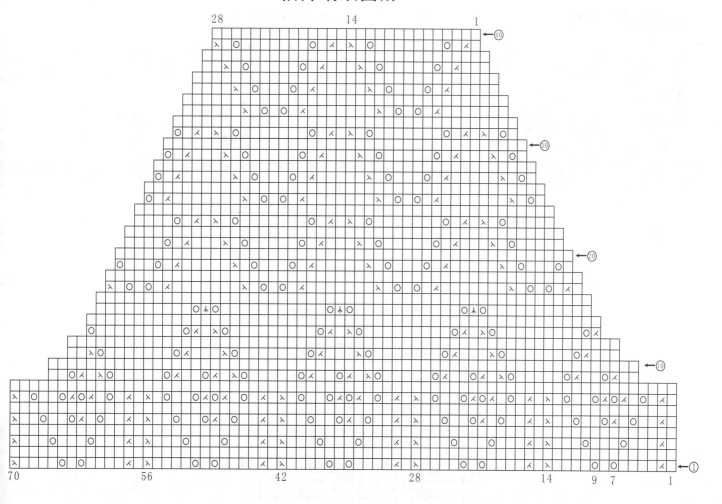

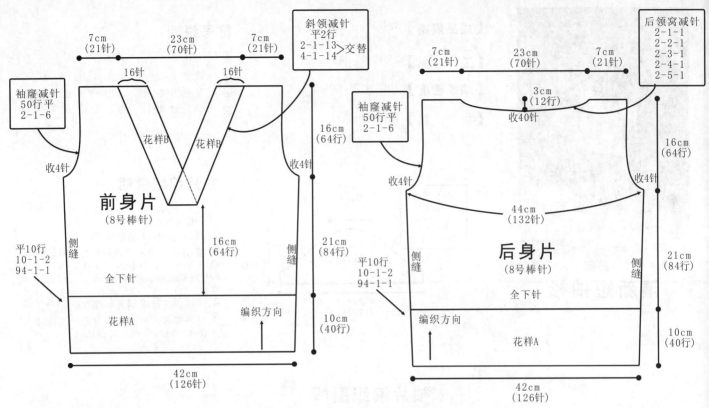

斜领减针
平2行
2-1-13
4-1-14 ⎬交替

7cm
(21针)　23cm
(70针)　7cm
(21针)

16针　　16针

袖窿减针
50行平
2-1-6

花样B　花样B

收4针　　收4针

前身片
(8号棒针)

16cm
(64行)

16cm
(64行)

21cm
(84行)

侧缝　　侧缝

平10行
10-1-2
94-1-1

全下针

花样A

编织方向

10cm
(40行)

42cm
(126针)

后领窝减针
2-1-1
2-2-1
2-3-1
2-4-1
2-5-1

7cm
(21针)　23cm
(70针)　7cm
(21针)

3cm
(12行)
收40针

袖窿减针
50行平
2-1-6

收4针　　收4针

44cm
(132针)

后身片
(8号棒针)

16cm
(64行)

21cm
(84行)

侧缝　　侧缝

平10行
10-1-2
94-1-1

全下针

编织方向

花样A

10cm
(40行)

42cm
(126针)

前身片编织说明：

1. 前身片分为一片编织。从下摆起针，编织到肩部结束。

2. 前身片起126针，编织花样A，共10cm，40行。从第41行开始全下针编织，不加减针编织到23.5cm，第94行在身片两侧各加1针，然后10-1-2。

3. 第105行开始在身片中间开领子，先织左上前身片，方法是将中间的16针织成领边，编织花样B，其余55针仍编织下针。在领边内侧进行斜领减针，顺序为4-1-14，2-1-13交替，平织2行至肩部。第125行开始袖窿减针，先平收4针，然后2-1-6。编织至47cm，188行后剩余针数为21针，领边16针，收针断线。

4. 右上前身片的领边从左领边内侧挑出16针，然后与其余55针一起按左上前身片对称方法编织完成。完成后将前身片的侧缝、肩缝与后身片对应缝合。

后身片编织说明：

1. 后身片分为一片编织。从下摆起针，编织到肩部结束。

2. 后身片起126针，编织花样A，共10cm，40行。从第41行开始全下针编织，不加减针编织到23.5cm，第94行在身片两侧各加1针，然后10-1-2。

3. 第125行开始在身片两侧进行袖窿减针，方法是先平收4针，然后2-1-6。继续不加减针编织至177行时开始后领窝减针，方法是身片中间平收40针，然后2-5-1，2-4-1，2-3-1，2-2-1，2-1-1，编织至47cm，188行后剩余针数为21针，收针断线。对称编织另一边肩部的12针。

4. 与前身片对应缝合后，挑起左上前身片的领边16针，编织花样B共68行作为后身片衣领边，收针后沿后领窝缝合，16针收针处与右前身片的领边对准缝合。

花样A

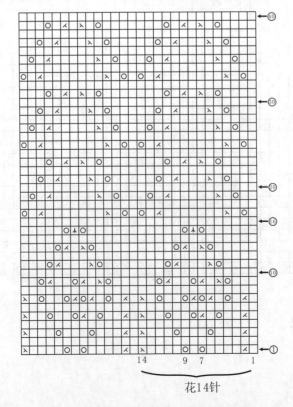

14　9 7　　1

花14针

花样B

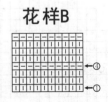

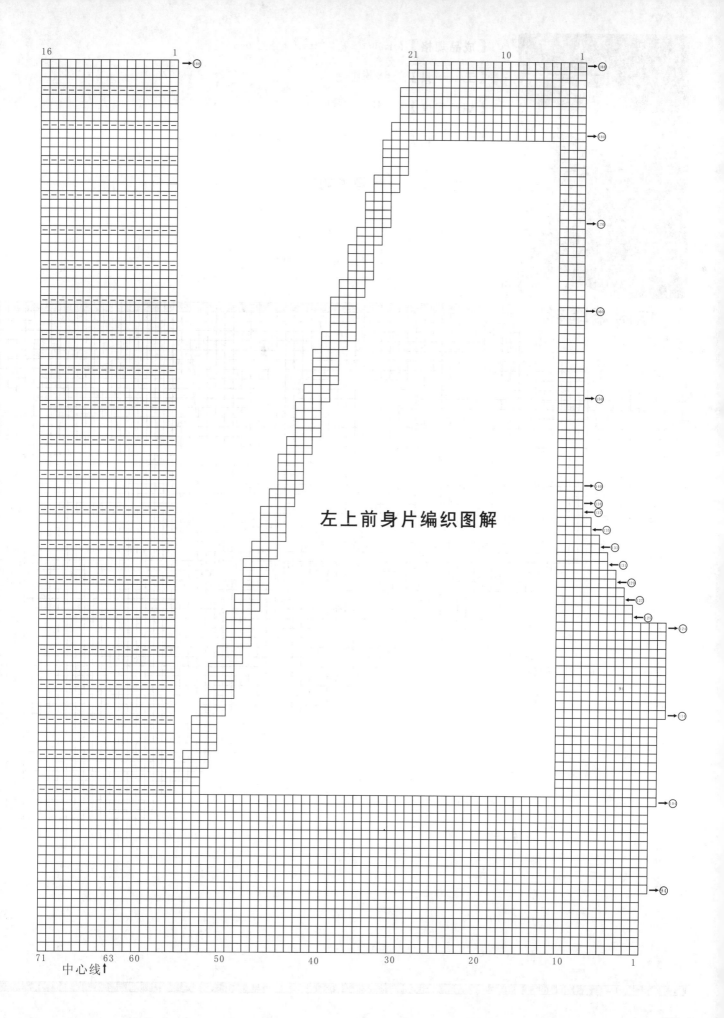

左上前身片编织图解

休闲蝙蝠衫

【成品规格】衣长60cm，袖长12cm，下摆宽80cm

【工　　具】7、8号棒针

【编织密度】18.5针 27行=10cm²

【材　　料】羊仔毛线1050g，灰色，纽扣5枚，狐狸毛条1条

符号说明：

□　　上针　　□=□　下针

2-1-3　　行-针-次

↑ 编织方向　　8针交叉

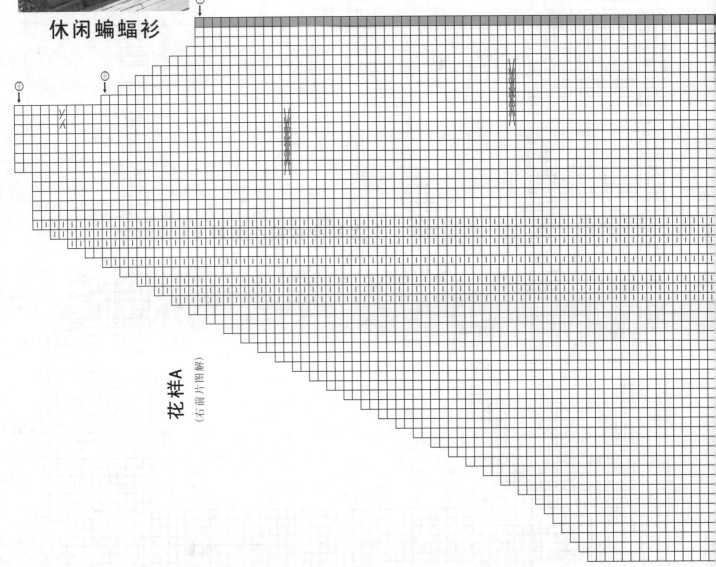

花样A
(右前片图解)

174

花样C（单罗纹）

2针一花样

花样D
（搓板针）

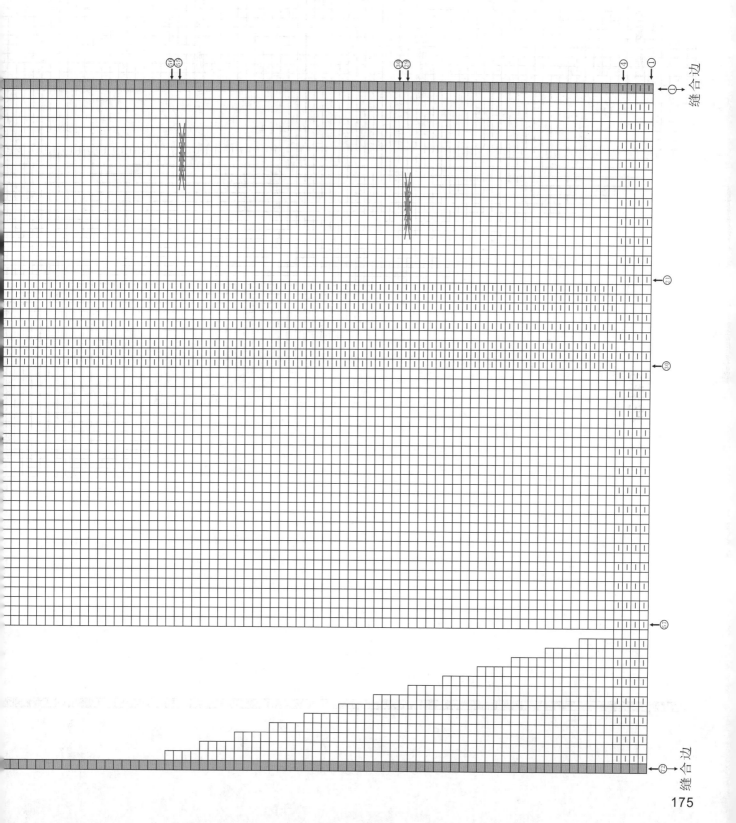

縫合边

縫合边

175

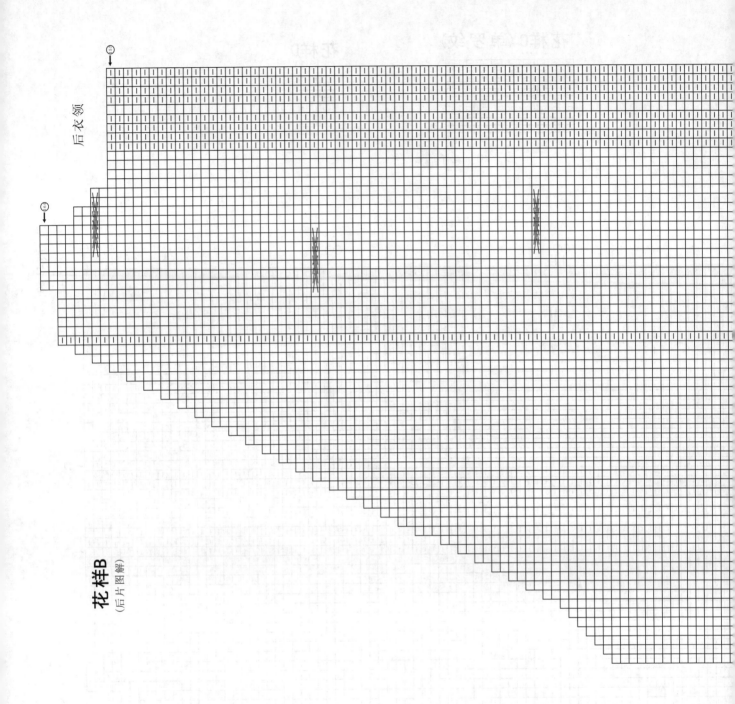

后衣领

花样B
（后片图解）

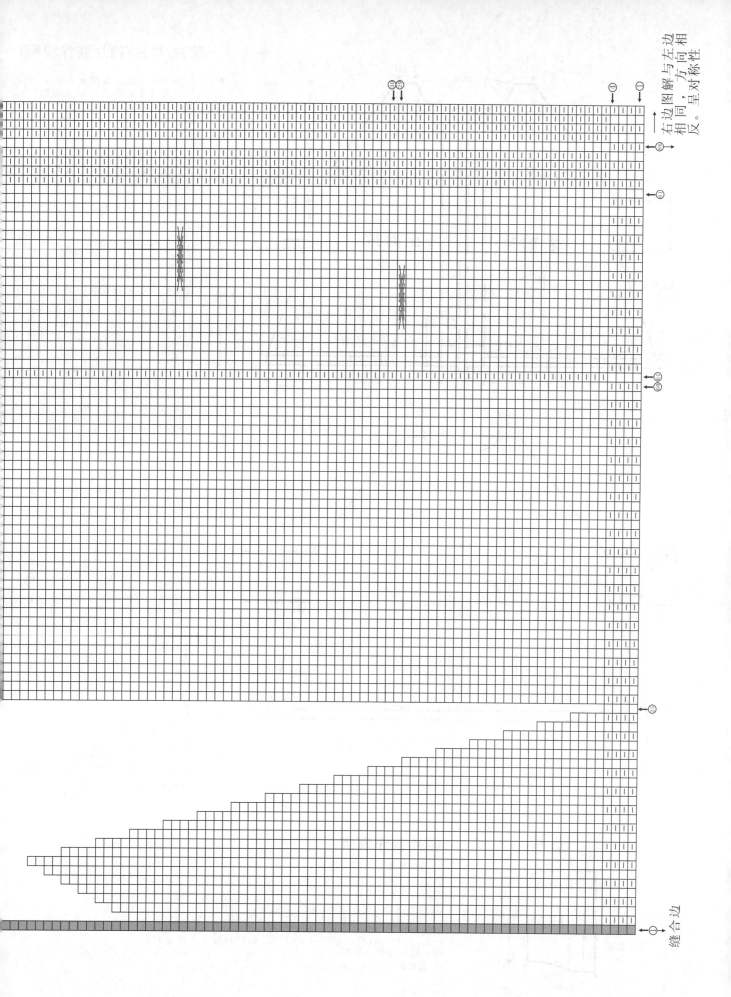

前片/后片/袖片制作说明：

1. 棒针编织法。衣身分成3片，左前片、右前片、后片，以及编织两个袖口。从衣摆起织。

2. 前片起针。以左前片为例，单罗纹起针法，起72针，来回编织4行单罗纹针。

3. 左前片衣身编织。织4行单罗纹针后，将72针分配花样，从左至右，依次是，21针下针，3针上针，1针下针，1针上针，5针下针，3针上针，27针下针，还有最后15针下针，这27针与15针之间，先第27针作减针所在列，在这一列上进行减针，方法为4-1-13，而前面的21针这块，织成24行后，在第25行的第9针至第17针，进行4针与4针相交叉，然后在织至第55行时，也交叉一次，但位置及交叉的方向相反，具体见花样A，这样，可让袖口下减针与左边棒绞编织同时进行，来回编织织成52行后，无加减再织42行的高度后，开始减针编织，减针方法为1-1-6，2-1-28，2-6-1，针数共减少40针，织成64行，而左边衣襟侧，织至143行时，开始前衣领边减针，先平收3针，然后织1行减1针，减1次，然后是织2行减1针，减5次，然后是无加减织10行的高度后，肩部余下10针，收针断线。沿着衣襟边，挑针编织，挑108针，编织花样C单罗纹针，共织12行的高度后，收针断线，右衣襟要编织5个扣眼，织法为，在一行收起5针，在下一行用单起针法，起5针，左边接上衣襟继续编织。相同的方法去编织右前片，但花样分配要与左前片呈对称性。

4. 后片的编织。后片起针，起171针，同样织4行单罗纹针，但后片花样分配上有所改变，从左至右，依次是25针下针，35针下针，在第26针作减针所在列，接着是，1针上针，20针下针（在这20针上进行棒绞花样编织），4针上针，1针下针（这一针作后片的对称中心），4针上针，20针下针（棒绞花样），1针上针，35针下针（第35针作减针），25针下针。分配好针数后，来回往上编织，两袖口下的减针依照花样B图解进行。后片中心织成157行时，从中间选取17针收针，两边减针，减2-2-2，然后无加减织4行，至肩部余下10针，两肩部分别与前片的肩部缝合。

5. 拼接。除了袖口的宽度19.5cm外，将各片的侧缝缝合。

6. 袖片的编织。袖口挑针，挑56针，无加减编织花样C单罗纹针，织34行的高度，然后收针断线。同样的方法编织另一边袖口片。

帽片制作说明：

1. 棒针编织法。织法简单。

2. 起针。沿着前后衣领边挑针，挑110针编织，注意两门襟的边上不要挑针。

3. 编织帽子。分配花样，帽子来回编织，两边各5针编织花样D搓板针，中间的针数全织下针，来回编织，当织成56行的高度后，在帽子中心，对称向两边相反方法减针，减2-1-5，减针织10行，帽子一共66行，最后将帽顶在中心对称，将两边缝合起来。

4. 最后将毛条缝上帽子边沿。

178

简约段染披肩

【成品规格】衣长73cm，下摆宽82cm

【工　　具】6号棒针

【编织密度】12针·19.5行=10cm²

【材　　料】黛尔妃缎染线500克

符号说明：

符号	说明
□	上针
□=□	下针
⊠	左上2针并1针
□	镂空针
V	滑针（1行时）
	左上3针与右下3针交叉
	右上3针与左下3针交叉
⊠	右上2针并1针

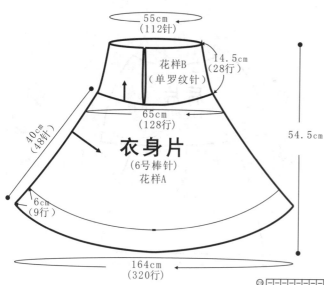

55cm（112针）
14.5cm（28行）
花样B（单罗纹针）
65cm（128行）
40cm（48行）
54.5cm
衣身片（6号棒针）花样A
6cm（9行）
164cm（320行）

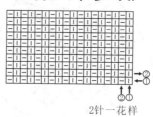

花样B（单罗纹）

2针一花样

衣身片制作说明：

1. 衣身片先编织身体部分，身体部分为横织，编织至合适长度后，缝合，最后挑织领部，编织至合适高度。

2. 用6号棒针起48针起织，按花样A往上编织，前面9针为棒绞花样，后面39针为镂空变化花样编织，编织48针，8行后，第9、10行编织至43针，第11、12行编织至37针，第13、14行编织至32针，第15、16行编织至26针，第17、18行编织至21针，第19、20行编织至15针，第21行至24行48针全部编织，第25、26行编织至15针，第27、28行编织至21针，第29、30行编织至26针，第31、32行编织至32针，第33、34行编织至37针，第35、36行编织至43针。按前面的编织方法重复进行8次，共编织至320行后，收针断线。详细编织花样见花样A。

3. 将两端对正缝合。

4. 沿衣领边挑112针往上按花样B编织单罗纹针，如图所示，为一片编织，不是圈织，编织至14.5cm，即28行后，收针断线。

花样A

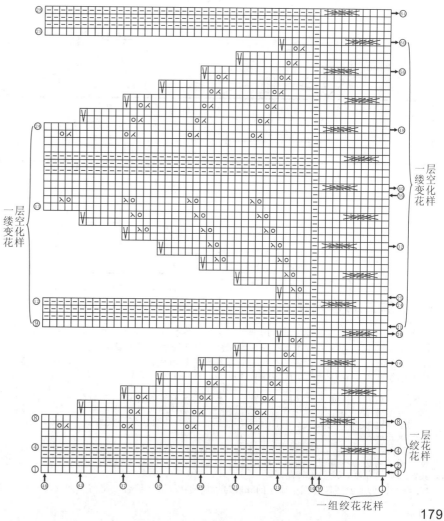

一层镂空变化花样

一层镂空变化花样

一层绞花花样

一组绞花花样

【成品规格】上衣长49cm，无袖，下摆宽38cm

【工　　具】10号棒针

【编织密度】21针 25行=10cm²

【材　　料】中粗晴纶线500g，红色30g，黑色30g，灰色30g，白色410g

符号说明：

囗　上针

口=囗　下针

2-1-3　行-针-次

↑ 编织方向

特色背心

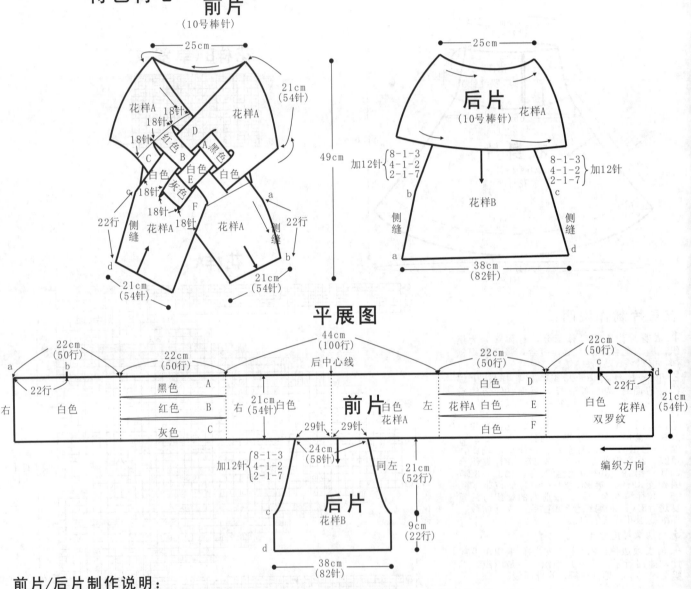

前片
（10号棒针）

25cm
21cm（54针）
花样A　花样A
18针
18针　D　红色
18针　C　A　黑色
B
白色　白色　白色
E　灰色
18针
22行　侧缝　18针　F
花样A　花样A　侧缝
22行
d
21cm（54针）　21cm（54针）
49cm

后片
（10号棒针）

25cm
后片
花样A
加12针 { 8-1-3 / 4-1-2 / 2-1-7
8-1-3 / 4-1-2 / 2-1-7 } 加12针
b　c
侧缝　花样B　侧缝
a　d
38cm（82针）

平展图

22cm（50行）　22cm（50行）　44cm（100行）　22cm（50行）　22cm（50行）
a　b　后中心线　c　d
22行　黑色　A　白色　D　22行
右　白色　红色　B　右　白色　前片　白色　花样A 白色　E　白色　花样A　21cm（54针）
灰色　C　花样A　白色　F　双罗纹
21cm（54行）　21cm（52行）
编织方向
29针　29针
加12针 { 8-1-3 / 4-1-2 / 2-1-7
24cm（58针）
同左　21cm（52行）
c　后片
花样B
9cm（22行）
d
38cm（82针）

前片/后片制作说明：

1.棒针编织法。分为前片与后片两部分编织，有先后编织顺序。先编织前片，再编织后片。

2.起针。用白色线，双罗纹起针法，起54针，分成13组双罗纹编织。

3.前片编织。见平展图，前片是由一长条编织块组成，中间有分片交叉编织的变化，再搭配3种颜色，织法简单，起针后，共54针，往返编织双罗纹花样，当织成50行的高度时，将54针分配成3等份，每等份18针，先编织其中一等份，其他两等份用防解别针扣住，其中一等份，往返编织双罗纹花样，织成50行的高度，用防解扣针扣住，同样的方法，分别编织其他两等份，各织成50行的高度，3段织片各用3种颜色编织，从右至左，按黑色-红色-灰色的顺序，分别编织，每一段编织的高度相同，完成3段的编织后，将这三段与前面的3段，相互交错，方法见结构图所示，然后将3段的针数移到一根棒针上，改用白色线连接编织，再编织50行的高度时，收针断线。前片编织完成。

4.后片编织。后片是在完成前片的基础上进行的，见平展图，在前片的后中心线，两边各挑29针，共58针，起织后片，仍是编织双罗纹花样，两边加针编织，加针方法见花样B，8-1-3，4-1-2，2-1-7。两边各加12针，织成52行，针数为82针，然后无加减针继续编织，共织22行的高度，最后收针断线。

5.缝合，见平展图，将图中前片的ab段与后片的ab段对应缝合，将前片的cd段与后片的cd段缝合。每段的行数为22行。

花样A
(分片图解)

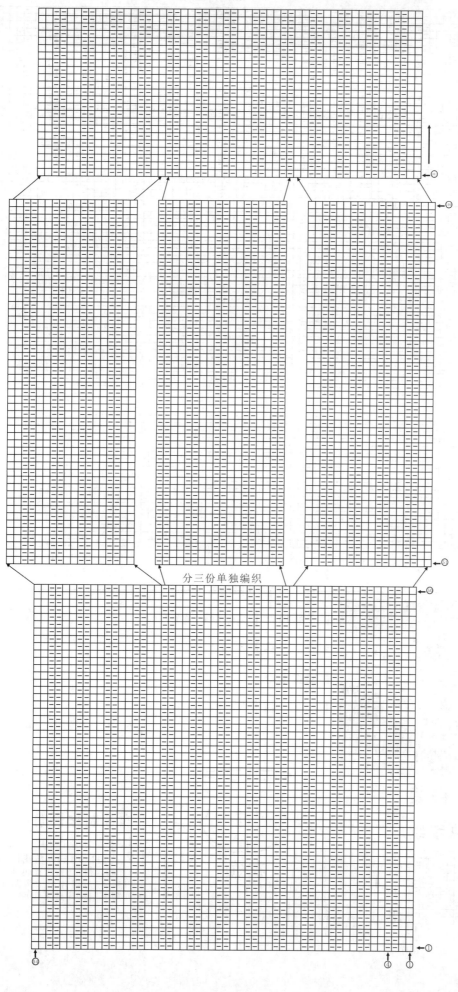

分三份单独编织

花样B

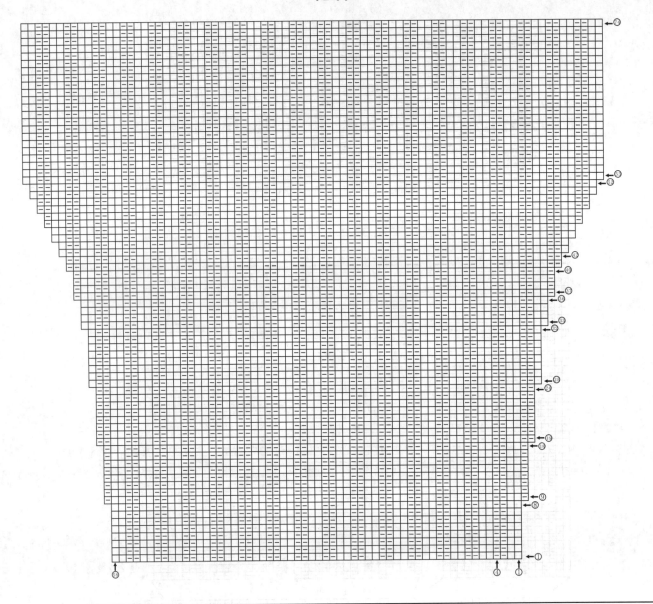

可爱无袖装

花样B（单罗纹）

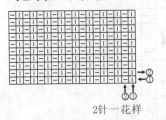

2针一花样

【成品规格】衣长58cm，衣宽44cm

【工　具】10号、12号棒针，3、4、5号钩针

【编织密度】28针 26.8行=10cm²

【材　料】夹花中粗线8两

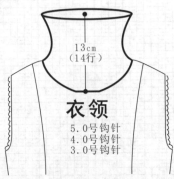

13cm
（14行）

衣领

5.0号钩针
4.0号钩针
3.0号钩针

符号说明：

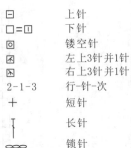

⊟	上针
□=⊡	下针
◎	镂空针
⊠	左上3针并1针
⊠	右上3针并1针
2-1-3	行-针-次
+	短针
⊺	长针
∞	锁针

衣领制作说明：

1.衣领为钩针钩编，沿衣领挑针圈钩。

2.先用3.0号钩针按花样D花样钩编，钩编4行后，换4.0号钩针再往上钩编4行，最后再换5.0号钩针往上钩编4行，收针断线。详细编织花样见花样D。

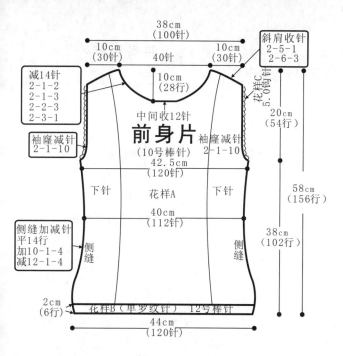

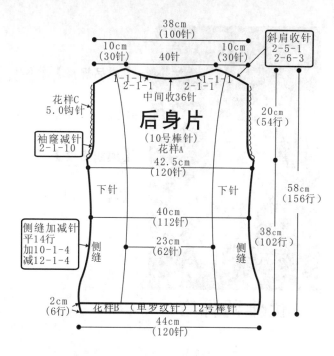

前身片制作说明：

1. 前身片分为一片编织，从下往上，一直编织至肩部。

2. 用12号棒针起120针起织，先按花样B（单罗纹针）编织6行，第7行开始，正中间62针按花样A叶子花编织，左、右两边29针为下针编织，两侧缝边加减针方法顺序为减12-1-4，加10-1-4，不加减14行后，开始袖窿减针，方法顺序为2-1-10，减完针后，剩100针，不加减往上编织，编织至128行时，开始前衣领减针，中间收12针，衣领侧减针方法顺序为2-3-1，2-2-3，2-1-3，2-1-2，肩部剩30针，两肩部再往上织斜肩，方法为2-6-3，2-5-1，编织8行，最后留下7针，收针断线。详细编织花样见花样A、花样B。

后身片制作说明：

1. 后身片为一片编织，从下往上，一直编织至肩部。

2. 后身片袖窿以下编织方法同前身片，编织至102行后，开始袖窿减针，方法顺序为2-1-10，减完针后，剩100针，不加减往上编织，编织至144行时，开始后衣领减针，中间收36针，衣领侧减针方法顺序为2-1-1，1-1-1，平1行，肩部剩30针，两肩部再往上织斜肩，方法为2-6-3，2-5-1，编织8行，最后留下7针，收针断线。详细编织花样见花样A、花样B。

3. 将前身片的侧缝与后身片的侧缝对应缝合，再将两肩部对应缝合。

4. 用5.0钩针，沿袖边按花样C花样钩2行后，收针断线。

花样A

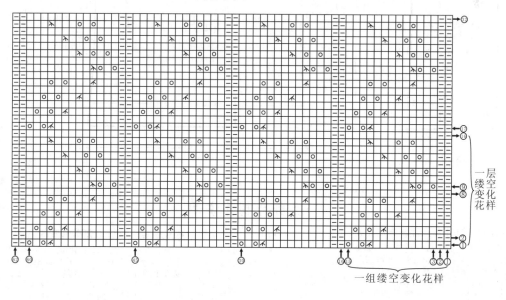

一组缕空变化花样

花样C

花样D

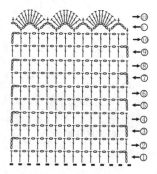

【成品规格】外衣身长74cm，下摆宽44cm，袖长30cm，背心衣长35cm

【工　　具】10号棒针，12号环形针

【编织密度】10号针：25针 3 2行=10cm²
12号针：30针 4 5行=10cm²

【材　　料】粉色毛绒线共900g，外衣用640g。背心用260g

优雅两件套

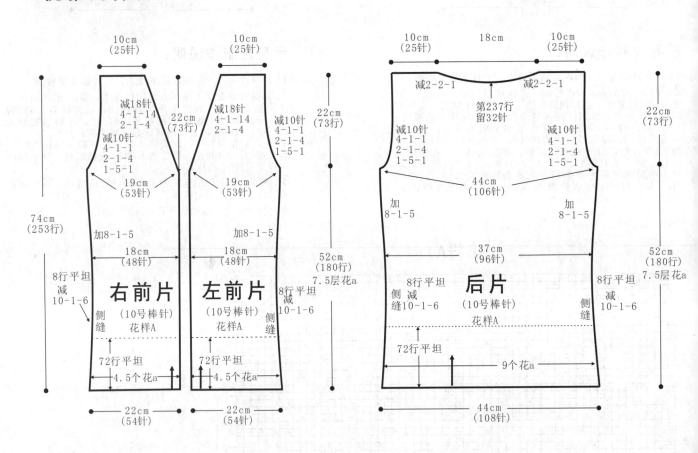

前身片制作说明：

1. 前身片分为两片编织，左身片和右身片各一片，方向相反。

2. 前身片起织54针编织上针后，分配成3.5个花样A，编织72行后，开始减针收腰，方法是10-1-6，再平织8行后开始加针，方法是8-1-5，从第180行后，开始袖窿减针，减针方法顺序为1-5-1，2-1-4，4-1-1，共减10针。同时进行前衣领减针，减针方法顺序为2-1-4，4-1-14，最后余下25针，无加减针再织9行，共253行。详细编织见花样A图解。

3. 同样的方法再编织另一前身片，完成后，将两前身片的侧缝与后身片的侧缝对应缝合，再将两肩部对应缝合。

4. 沿衣边挑织衣襟边，编织花样见花样B衣襟边图解。在一侧前身片钉上扣子。不钉扣子的一侧，要制作相应数目的扣眼，扣眼的编织方法为，在当行收起数针，在下一行重起这些针数，这些针数两侧正常编织。

后身片制作说明：

1. 后身片为一片编织，从衣摆起织，往上编织至肩部。

2. 后身片起织108针编织上针后，分配成9个花a编织，编织72行后，两侧开始减针收腰，方法是10-1-6，再平织8行后开始加针，方法是8-1-5，从第180行后，开始袖窿减针，减针方法顺序为1-5-1，2-1-4，4-1-1，每侧共减10针后，不加减针往上编织至237行，第238行从织片的中间留32针不织，可以收针，亦可以留作编织衣领连接，可用防解别针锁住，两侧余下的针数，衣领减针减针，方法为2-2-1，最后两侧的针数各余下25针，收针断线。详细编织见花样A前后片图解。

袖片

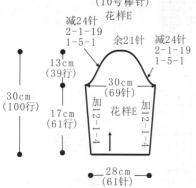

（10号棒针）
花样E

减24针
2-1-19
1-5-1

余21针

减24针
2-1-19
1-5-1

13cm
（39行）

30cm
（100行）

17cm
（61行）

30cm
（69针）

花样E

加
12-1-4

加
12-1-4

花样E

28cm
（61针）

衣袖片制作说明：

1．两片袖片。分别单独编织。

2．从袖口起织。起61针，先编织1行上针，第2行起编织花样，不加减针织12行后，两侧同时加针编织，加针方法为12-1-4，加至69行，详见花样E袖片图解。

3．袖山的编织。从第一行起减针编织，两侧同时减针，减针方法为1-5-1，2-1-19，最后余下21针，直接收针后断线。

4．同样的方法再编织另一衣袖片。

5．将两袖片的袖山与衣身的袖窿线边对应缝合，再缝合袖片的侧缝。

前衣领减针图解

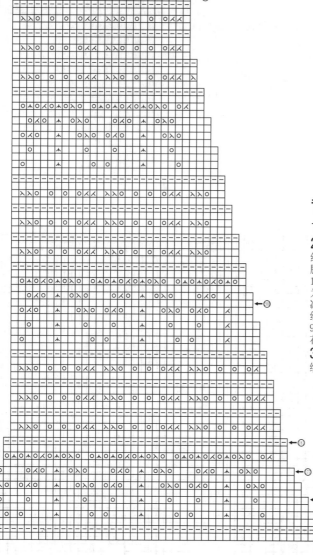

背心

（12号环形针）
花样C

31cm
（93针）

6行

6行

花样D

36针

36针

减18针
3-2-5
1-8-1

匀减9针

减18针
3-2-5
1-8-1

9cm
（29行）

40cm
（138针）

44cm
（195行）

35cm
（166行）

加
10-1-2

20行平坦

18cm
（134针）

花样C

加
10-1-2

20行平坦

减
10-1-8

减
10-1-8

46行平坦

46cm
（150针）

背心制作说明：

1．背心为一片圈织，从衣摆起织，往上编织至肩部。

2．用环形针起织300针，编织3行　板针后，按花样C编织，编织46行后，分出前后片侧缝位置，开始减针收腰，方法是10-1-8，再平织20行后开始加针，方法是10-1-2，从第166行后，开始袖窿减针，一侧减针方法顺序为1-8-1，3-2-5，共减18针。同样方法完成另其余袖窿减针。然后不加减针编织11行，共编织至192行时，变换织3行　板针，并将织片均匀减针9针，最后织片中间留93针　板针。全长共织186行后收针断线。详细编织见花样C背心图解。

3．用环形针挑织背带边，沿袖窿边挑织80针下针，再连续另加入72针，连接后圈织6圈　板针。完成后收针断线。

后衣领减针图解

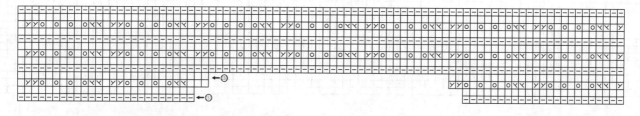

花样A
（外套衣身图解）

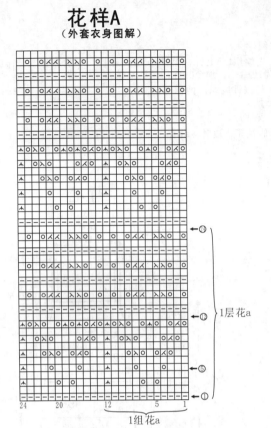

1层花a

1组花a

24 20   12   5   1

花样B
（衣襟边图解）

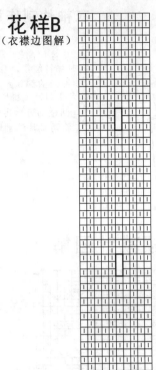

花样D
（背带花样图解）

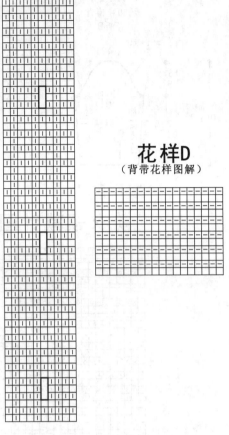

花样C
（背心图解）
（一半）

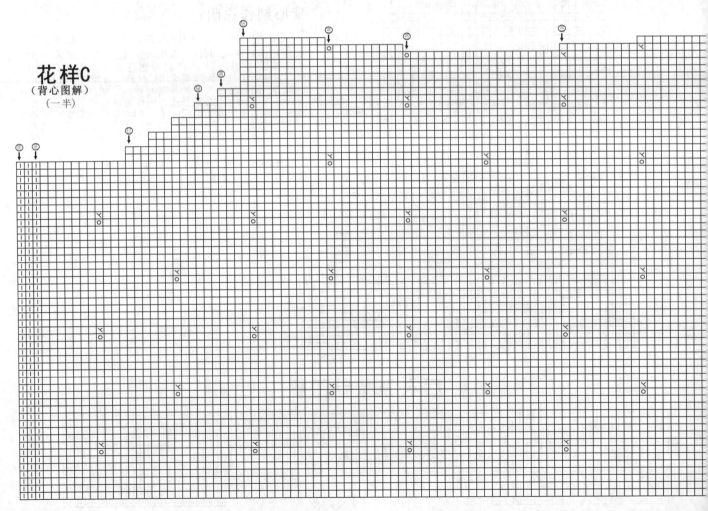

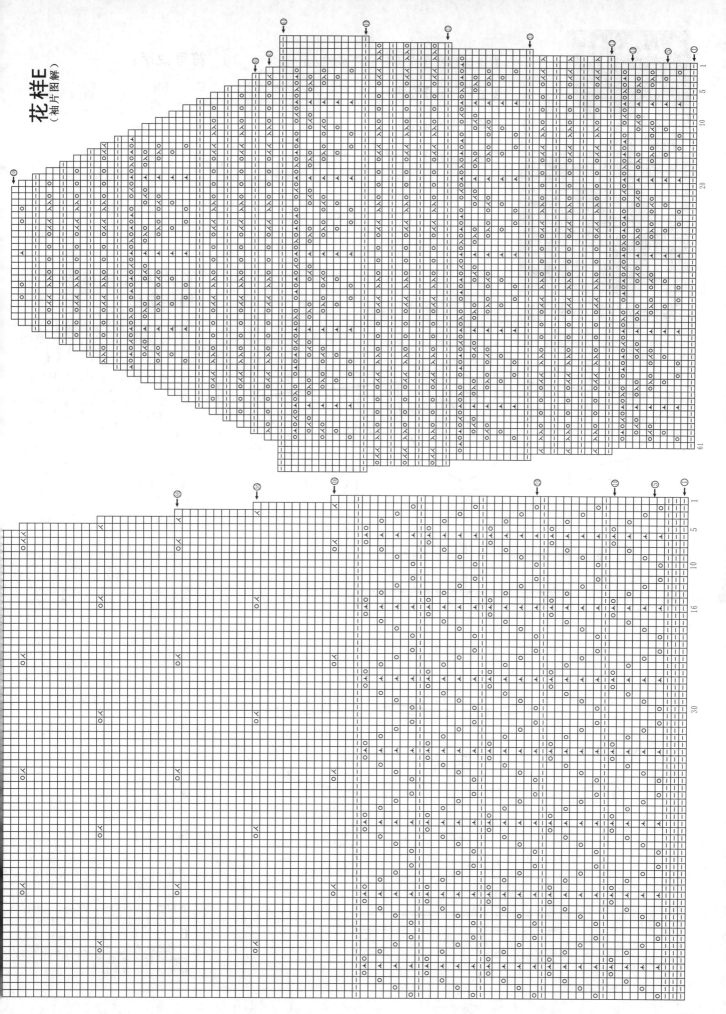

花样E
（袖片图解）

秀雅对襟小外套

【成品规格】衣长40cm，下摆宽40cm

【工　具】7号棒针

【编织密度】18针 3 2行=10cm²

【材　料】羊毛中粗线400g，灰色

符号说明：

□	上针
□=□	下针
2-1-3	行-针-次

☒	右并针
▣	镂空针
⊠	中上3针并1针

↑ 编织方向

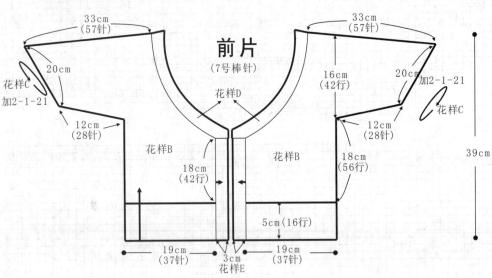

前片
(7号棒针)

33cm
(57针)

33cm
(57针)

20cm

花样C
加2-1-21

20cm
加2-1-21

花样C

16cm
(42行)

花样D

12cm
(28针)

12cm
(28针)

花样B

花样B

18cm
(42行)

18cm
(56行)

39cm

5cm(16行)

19cm
(37针)

19cm
(37针)

3cm
花样E

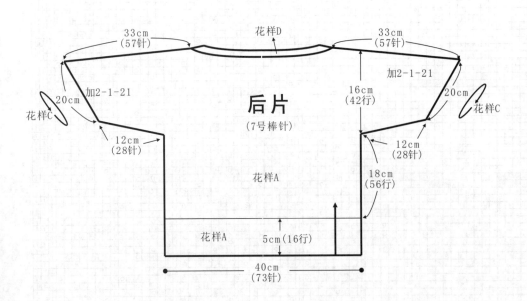

后片
(7号棒针)

33cm
(57针)

花样D

33cm
(57针)

20cm

加2-1-21

加2-1-21

20cm

花样C

花样C

12cm
(28针)

16cm
(42行)

12cm
(28针)

花样A

18cm
(56行)

花样A

5cm(16行)

40cm
(73针)

前片/后片/衣摆/袖片制作说明：

1. 棒针编织法和钩针编织法相结合。分成3片编织，后片一片，前片两片。从下往上织。衣边用钩针钩织。

2. 后片的编织。
(1)衣摆的编织。起针，单起针法，起73针，来回编织，第1针全织下针，作缝合边用，第2针起，加1针空针，然后左并针，再织1针空针，再左并针，重复织至73针，第2行返回全织上针，第3行，第1针仍织下针，将第2针与第3针右并针，然后加1针空针，重复织这并针和空针，织到一行织完，返回全织上针，然后第5针起，重复前4行的织法，织成16行高度，完成衣摆的编织。图解详见花样A。
(2)后身的编织。依照花样A中的第17针，分配好花样针数，返回时，全织上针，然后参照花样A织成56行的袖窿下衣身的花样，后片共织成72行，下一行两边各起28针，继续花样编织。但在最后一次加空针时，不再同时并针，将袖口向外加针，织成斜形袖口。织成42行高的袖片高度时，将后片全收针断线。

3. 前片的编织。
(1)衣摆的编织。起针，单起针法，起37针，来回编织，编织与后片衣摆相同的花样，织16行高度。
(2)衣身的编织。依照花样B中的第17行，分配好花样，返回时，全织上针，参照花样B织成42行高时，从衣襟这边开始织衣领，衣领的织法是只并针，不加空针，这样，衣领就形成与镂空花样相同的弧线。而侧缝这边，织法与后片相同，织成前片后，不收针，与后片相对应侧一针对一针缝合。以相同的方法去编织另一前片。

4. 袖口钩织。用钩针沿两袖口，先钩一圈短针，再钩一圈中长针锁边。图解见花样C。

5. 门襟的钩织。要先钩织门襟再钩织衣领，沿着门襟，先钩织一行短针，第二行钩中长针间隔1针锁针，第3行全钩织中长针，但要钩几个扣眼，将扣眼的位置那针中长针用锁针代替。然后第3行全钩中长针。而对侧门襟不钩织扣眼，而在扣眼所在的位置上钉上扣子。图解见花样E。

6. 衣领的钩织。沿着前后衣领边的门襟边，钩织一行短针锁边，第二行钩中长针间隔1针锁针，第三行钩1行中长针。图解见花样D。

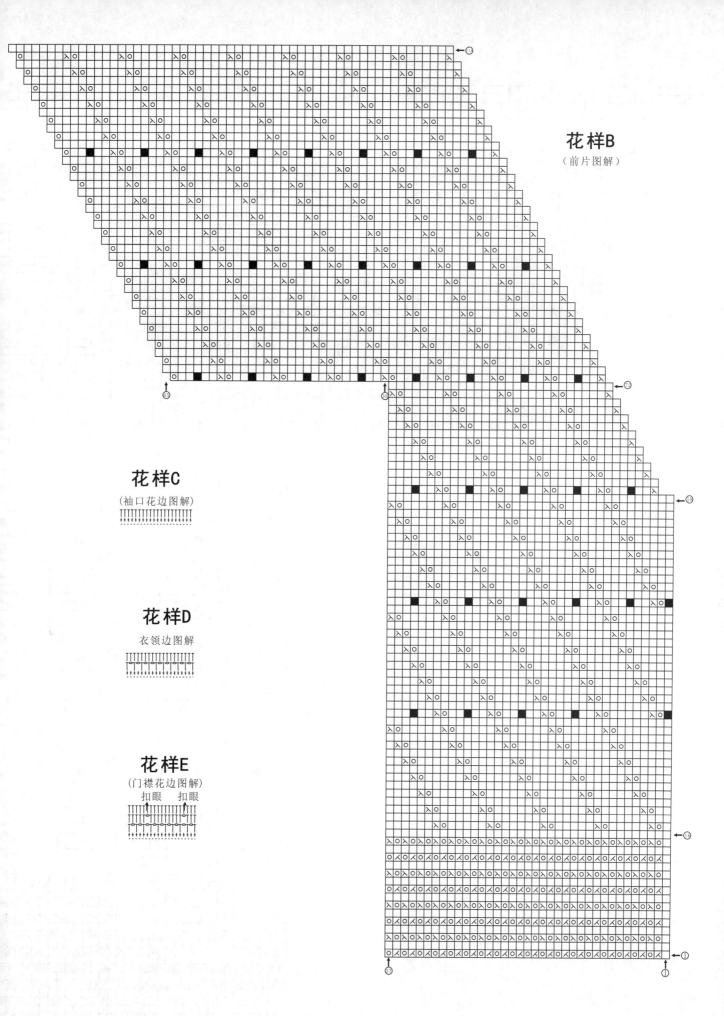

花样B
（前片图解）

花样C
（袖口花边图解）

花样D
衣领边图解

花样E
（门襟花边图解）
扣眼　扣眼

189

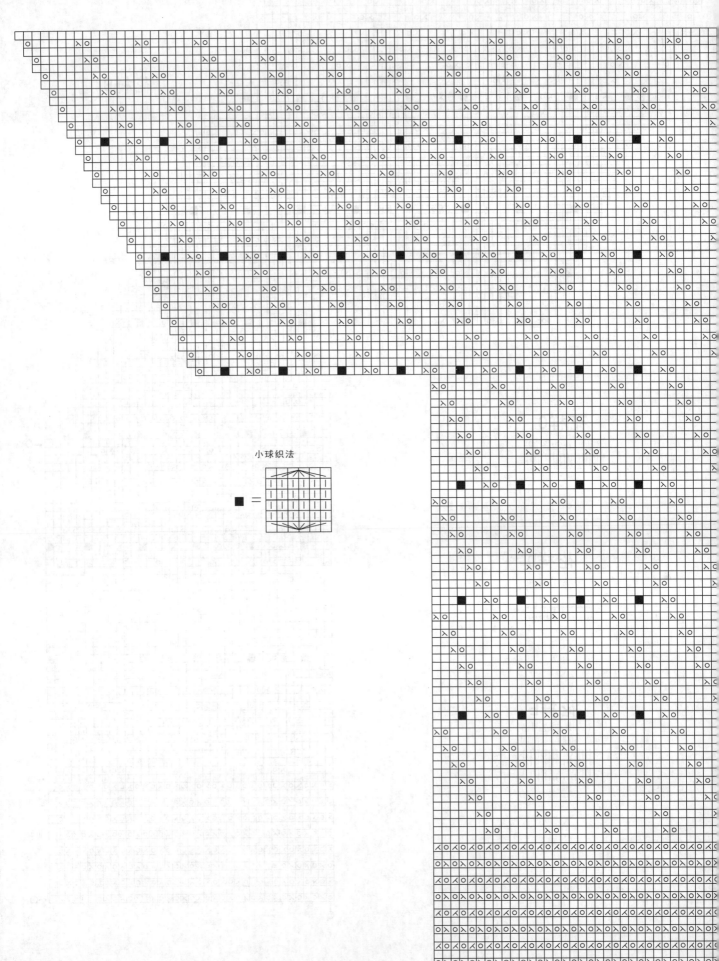

小球织法

■ =

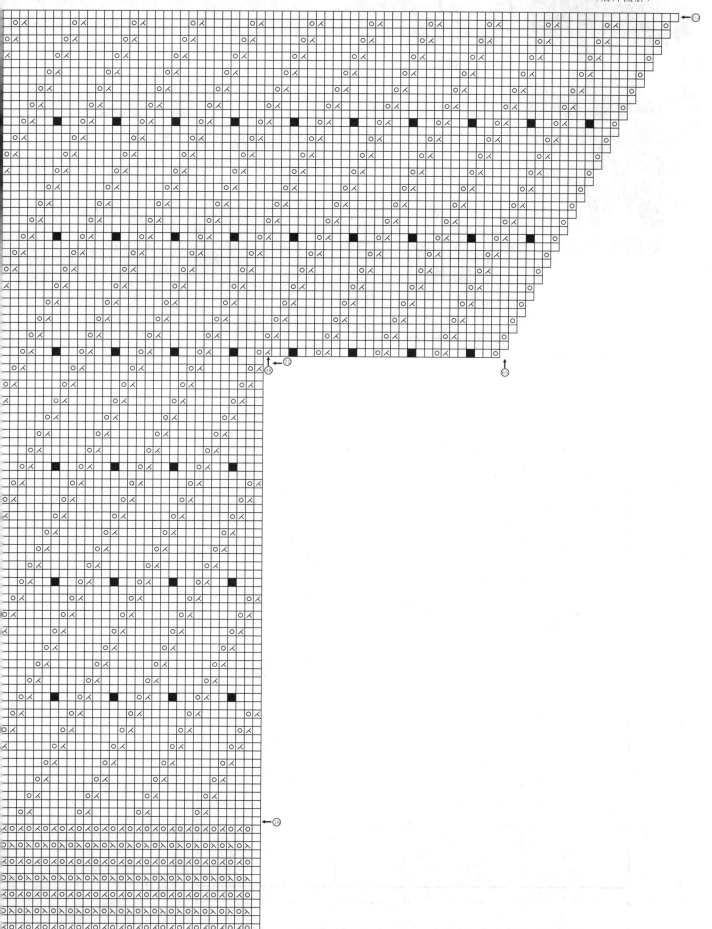

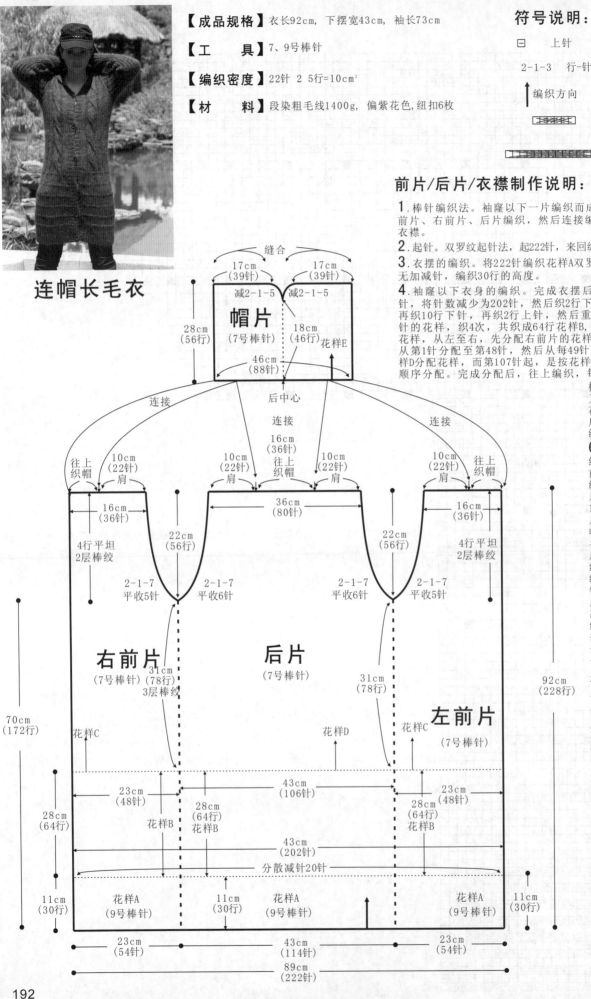

【成品规格】衣长92cm, 下摆宽43cm, 袖长73cm

【工　具】7、9号棒针

【编织密度】22针 2 5行=10cm²

【材　料】段染粗毛线1400g, 偏紫花色, 纽扣6枚

连帽长毛衣

符号说明:

□ 上针　　□=① 下针

2-1-3　行-针-次

↑ 编织方向

右上3针
左下3针交叉

右上7针与
左下7针交叉

前片/后片/衣襟制作说明:

1. 棒针编织法。袖窿以下一片编织而成，袖窿以上分成左前片、右前片、后片编织，然后连接编织帽子，最后编织衣襟。

2. 起针。双罗纹起针法，起222针，来回编织，用9号针编织。

3. 衣摆的编织。将222针编织花样A双罗纹针，来回编织，无加减针，编织30行的高度。

4. 袖窿以下衣身的编织。完成衣摆后，分散减针，减20针，将针数减少为202针，然后织2行下针，再织2行上针，再织10行下针，再织2行上针，然后重复10行下针与2行上针的花样，织4次，共织成64行花样B，然后下一行起分配花样，从左至右，先分配右前片的花样，分配图解见花样C，从第1针分配至第48针，然后从第49针至第106针，参照花样D分配花样，而第107针起，是按花样C的第48针至第1针的顺序分配。完成分配后，往上编织，每26行一个大棒绞花样（7针与7针交叉），共织3层棒绞花样的高度，即78行后，完成袖窿以下的编织。

6. 袖窿以上的编织。袖窿以上分成左前片、后片、右前片编织，左前片和右前片各48针，后片106针，先编织后片，两边同时收针，收6针，然后每织2行各减1针，减7次，然后无加减针，将后片织成56行的高度。再编织右前片，袖窿减针与后相同，减针后，同样织成56行的高度，相同的方法编织左前片。每片的肩部各选22针进行缝合。余下的针数，用一根棒针串起，作一片进入帽子的编织。

7. 帽片的编织。余下的针数为64针，分散加针加成88针，然后分配花样，图解见花样E，每织8行一次棒绞，织成46行高度时，将帽子从中间分成两半，从中心向两边减针，每织2行减1针，减5次，共将帽子织成56行的高度，然后将两边对称缝合。

8. 衣襟的编织。沿着完成的衣襟边，挑针编织，每挑6针，空1行不挑，共挑成488针，编织花样A双罗纹针，右衣襟边织成7行时，制作6个扣眼，方法是，在当行收起数针，在第8行重起这些针数，然后继续编织，将衣襟织成14行的高度。

缝合
17cm (39针)　17cm (39针)
减2-1-5　减2-1-5
帽片 (7号棒针)
28cm (56行)
18cm (46行) 花样E
46cm (88针)
后中心

连接　连接　连接
往上织帽　10cm (22针)　10cm (22针)　往上织帽　10cm (22针)　10cm (22针)　往上织帽
肩　16cm (36行)　肩　肩　16cm (36行)　肩
16cm (36针)　36cm (80针)　16cm (36针)

4行平坦 2层棒绞　22cm (56行)　22cm (56行)　4行平坦 2层棒绞

2-1-7 平收5针　2-1-7 平收6针　2-1-7 平收6针　2-1-7 平收5针

右前片 (7号棒针)　后片 (7号棒针)　左前片 (7号棒针)
31cm (78行) 3层棒绞　31cm (78行)

70cm (172行)　92cm (228行)

花样C　花样D　花样C

23cm (48针)　43cm (106针)　23cm (48针)
28cm (64行) 花样B　28cm (64行) 花样B　28cm (64行) 花样B

43cm (202针)
分散减针20针

花样A (9号棒针)　花样A (9号棒针)　花样A (9号棒针)
11cm (30行)　11cm (30行)　11cm (30行)

23cm (54针)　43cm (114针)　23cm (54针)
89cm (222针)

花样A(双罗纹)

4针一花样

花样B

花样C
(前片花样分配图解)

一层棒绞花

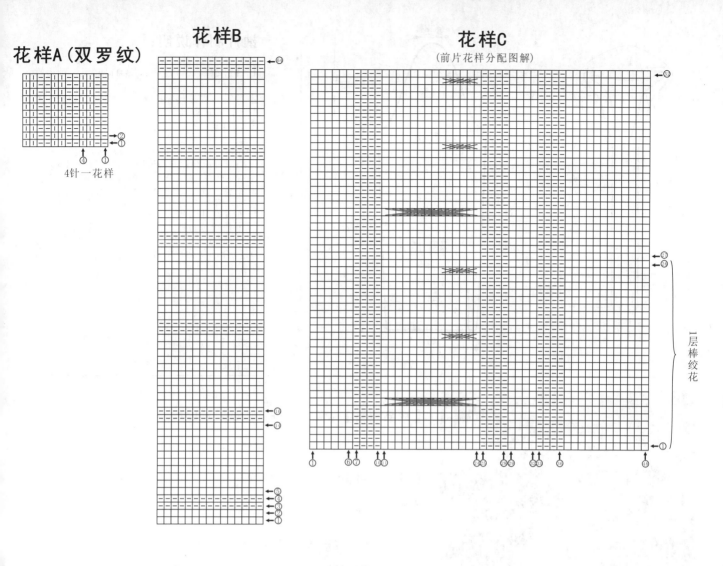

花样E
(帽子花样分配图解)

花样D
(后片花样分配图)

一层棒绞花

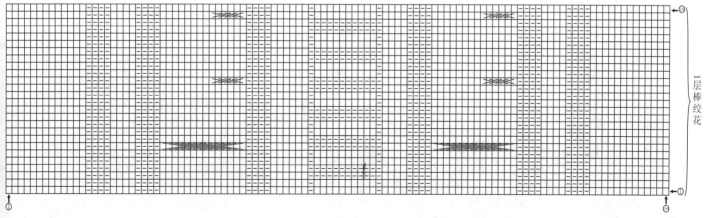

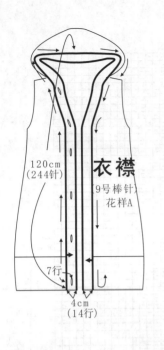

余38针

衣襟
120cm
(244针)

(9号棒针)
花样A

7行

4cm
(14行)

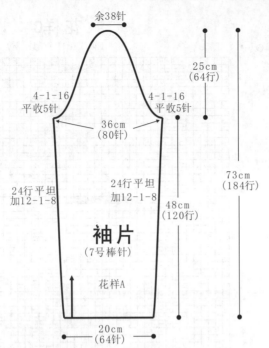

25cm
(64行)

4-1-16
平收5针

4-1-16
平收5针

36cm
(80针)

24行平坦
加12-1-8

24行平坦
加12-1-8

48cm
(120行)

73cm
(184行)

袖片
(7号棒针)

花样A

20cm
(64针)

袖片制作说明：

1. 棒针编织法。短袖。从袖口起织。袖山收圆肩。

2. 起针。双罗纹起针法，用7号棒针起织，起64针，首尾连接。

3. 袖身的编织。起针后，即开始编织袖身，起织双罗纹针，以2针为加针所在行，每织12行各加1针，共加8次，针数加成80针，然后无加减再织24行的高度时，开始袖山编织。

5. 袖山的编织。将完成的袖身对折，分成两半针数，选一侧的最边两针，作袖山减针所在列，环织改为片织，两端各平收5针，然后进入减针编织，减针方法为4-1-16，袖山两边各减掉21针，余下38针，收针断线。以相同的方法，再编织另一只袖片。

6. 缝合，将袖片的袖山边与衣身的袖窿边对应缝合。

休闲长毛衣

【成品规格】衣长98cm，下摆宽40cm，袖长30cm

【工　　具】10号棒针、8号棒针

【编织密度】21针 3 0行=10cm²

【材　　料】羊驼毛1200g，纽扣7枚

符号说明：

□	上针		右上2针与左下2针交叉
□=□	下针		右上3针与左下3针交叉
2-1-3	行-针-次		右上3针与左下1针交叉

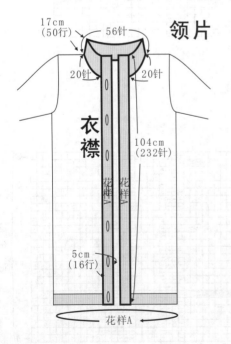

17cm
(50行)

56针

领片

20针

20针

衣襟

104cm
(232针)

花样A
花样A

5cm
(16行)

花样A

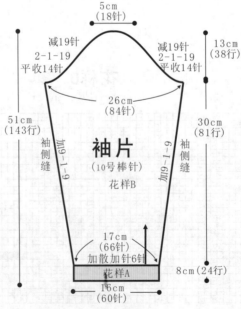

5cm
(18针)

减19针
2-1-19
平收14针

减19针
2-1-19
平收14针

13cm
(38行)

26cm
(84针)

51cm
(143行)

30cm
(81行)

袖侧缝
加9-1-9

袖片
(10号棒针)
花样B

袖侧缝
加9-1-9

17cm
(66针)
加散加针6针

花样A

8cm(24行)

16cm
(60针)

袖片/领片/衣襟制作说明：

1. 先编织袖片。用10号针双罗纹针起针法，起60针起织，起织花样A，无加针织24行。平均放6针到66针，织10针下针(花样B)，每9行挂肩中心各放2针，到84针，织成81行，挂肩平收14针，2针收1针19次，收圆头，完成袖片后将其缝合，将袖山与衣身的袖窿线对应缝合，再将两袖侧缝对应缝合。然后进入下一步编织。

2. 领片编织。挑起96针起织双罗纹针(花样A)，织50行领高17cm。(10号针)

3. 衣襟的编织。沿着两衣襟边挑针，挑232针，编织花样A双罗纹针，共织16行的高度后，收针断线，右衣襟要制作7个扣眼，方法是在一行收起数针，在下一行单起针法起这数针，连接上左边继续编织。

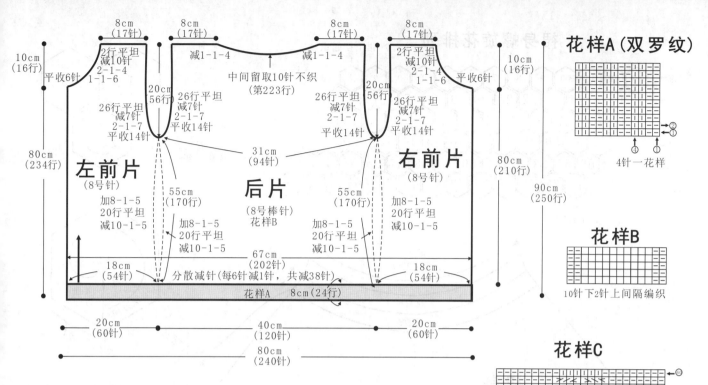

花样A（双罗纹）

4针一花样

花样B

10针下2针上间隔编织

花样C

前片/后片制作说明：

1. 棒针编织法。袖窿以下一片编织完成，袖窿起分为左前片、右前片、后片来编织。织片较大，可采用环形针编织。

2. 边起240针。织双罗纹24行（10号针织），织完后每6针减去1针到202针，排花。

3. 前胸两边各排一个花，边上6针下针，一个花24针（花样C），还有排10针下2针上（花样B）织11次，再织10针下开始起另一边的花，边上再织6针下，每花60行（8号棒针织）。

4. 袖窿下减针编织。排完花后，无加减针织1个花样C的高度，共60行，然后开始减针编织，前片侧缝和后片侧缝同时减针，每边织10行减1针，一行共减掉4针，重复减5次，减针行织成50行，然后无加减针织20行高度时，改为加针，每织8行加1针，加5次，袖窿下编织完成，总针数共202针，织成170行（不含衣摆双罗纹针），中间口袋根据自己的衣服长度决定。将织片分成左前片、右前片、后片编织，左右前片占54针，后片94针。

5. 挂肩平收14针，2行收1针收7次，不加减针织26行收领，平收6针，每行收1针6次，2行收1针4次，不加减织2行，前片袖窿以上共织60行。

6. 后片袖窿减针与前片相同，平收14针，再每织2行减1针减7次，然后不加减针织38行的高度时，开始从中间减衣领，选10针收针，衣领两边每行收1针收4次，前后片两肩部对应缝合。

螺旋花长裙

【成品规格】裙长74cm，腰围64cm

【工　　具】8号棒针，缝针，2mm钩针

【编织密度】40针 4 0行=10cm²

【材　　料】段染线600g

螺旋花单个花瓣
编织图解（27针）

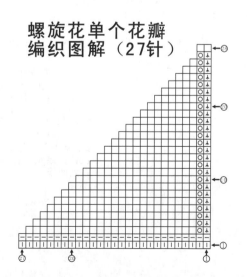

符号说明：

棒针符号	钩针符号
□=□ 下针	× 短针
■ 上针	┃ 长针
◙ 镂空针	
⬓ 中上3针并1针	

195

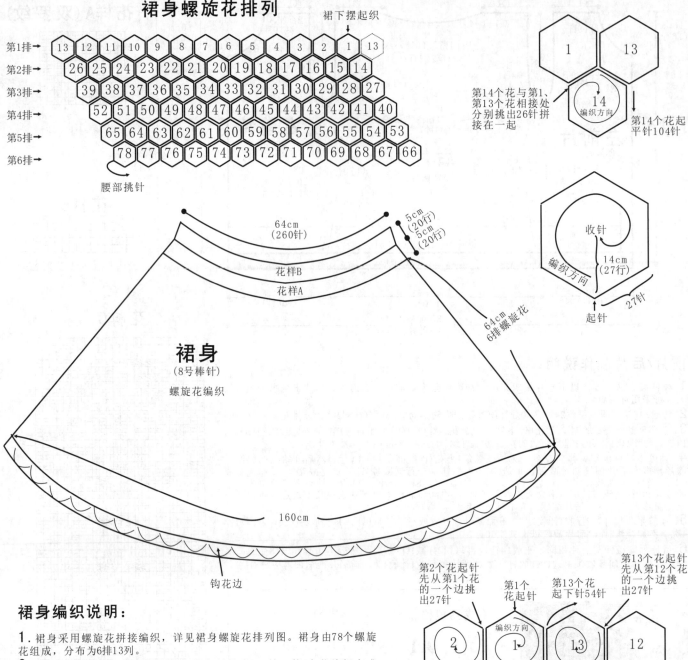

裙身螺旋花排列

裙下摆起织

第1排→	13	12	11	10	9	8	7	6	5	4	3	2	1	13
第2排→	26	25	24	23	22	21	20	19	18	17	16	15	14
第3排→	39	38	37	36	35	34	33	32	31	30	29	28	27
第4排→	52	51	50	49	48	47	46	45	44	43	42	41	40
第5排→	65	64	63	62	61	60	59	58	57	56	55	54	53
第6排→	78	77	76	75	74	73	72	71	70	69	68	67	66

腰部挑针

第14个花与第1、第13个花相接处
分别挑出26针拼接在一起

第14个花起平针104针

收针

编织方向

14cm（27行）

27针

起针

64cm（260针）

5cm（20行）
5cm（20行）

花样B
花样A

64cm 6排螺旋花

裙身
（8号棒针）
螺旋花编织

160cm

钩花边

第2个花起针先从第1个花的一个边挑出27针

第1个花起针

第13个花起下针54针

第13个花起针先从第12个花的一个边挑出27针

编织方向

2 1 13 12

第2个花的其余135针用下针起头法顺时针织出

花样相接处用挑针27针拼接在一起

第13个花起下针54针

裙身编织说明：

1．裙身采用螺旋花拼接编织，详见裙身螺旋花排列图。裙身由78个螺旋花组成，分布为6排13列。

2．从裙摆开始编织。第1排的1至13花起针均为162针，第1个花编织完成后，第2个花在第1个花的一个边挑出27针，接着起下针135针，然后同第1个花的步骤一样编织，第1排共编织13个花。第13个花起头时与第12及第1个花的相接处均采用挑针方式。这样使裙身编织成无缝的圆筒形状。

3．纵向第2排的14至26花起针均为156针，每边26针。第14个花在第1个花及第13个花的相邻边上各挑26针，接着起下针104针，按前面步骤一样编织螺旋花。

4．按上述类推，每增加一排的螺旋花单边对应增加1针。第3排的27至39花起边为150针，每边25针。第4排的40至52花起边为144针，每边24针。第5排的53至65花起边138针，每边23针。第6排的66至78花起边132针。每边22针。

钩边花样

裙摆花边说明：

用钩针沿裙摆钩织花边，图解见钩边花样，钩织一圈后断线完成。

单个螺旋花编织说明：

1．完成的花样是正六边形。以162针花样为例，平针起头162针，分成6份，27针一个花瓣，用6根棒针编织。第1行织下针，第2行织上针，第3行：3针并1针，加1针，24针下针，6个花瓣相同织法。第4行：3针并1针，加1针，23针下针，共6次。随后每行以此类推，每一行减掉6针。

2．编织至27行时，单个花瓣剩2针，6瓣共剩余12针，编织一行下针，然后用缝衣针将12针穿起系紧断线。

裙腰花样图解

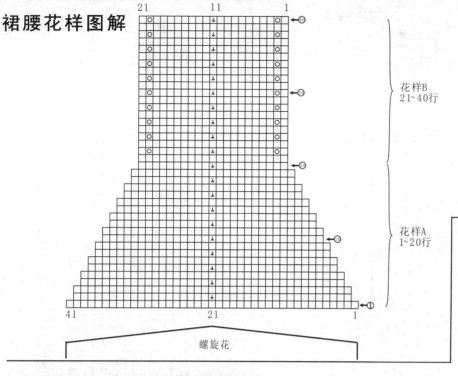

螺旋花

裙腰编织说明：

1. 沿裙身的腰部挑针，每个螺旋花2份挑出41针，共挑533针。第1行织下针，第2行在每个花的链接处3针并1针，其余织下针。第3行织下针。第4行在每个花的链接处3针并1针，其余织下针。以此类推，详见裙腰花样图解花样A。共编织20行，每花剩余针数为21针，总剩余针数273针。

2. 从第21行起编织花样B共20行。

3. 从第41行起全下针编织20行，收针断线。此20行折向裙腰内侧，用缝针缝合，内部可穿松紧带。

符号说明：

⊟	上针	□=Ⅰ	下针
2-1-3	行-针-次	＋	短针
Ⅰ	长针	∞	锁针
⊠	右并针	■	镂空针
↑	编织方向		

两用式披肩

【成品规格】披肩长43cm，下摆宽110cm

【工　　具】13号棒针，1.25mm钩针

【编织密度】29针 5 7行=10cm²

【材　　料】段染紫色缎丝线300g，浅粉色50g

花样B

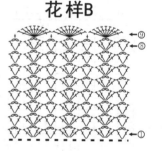

披肩制作说明：

1. 棒针编织法与钩针编织法结合，用棒针编织披肩，用钩针钩织领片和装饰网眼花样。

2. 起针。单起针法，起260针，首尾连接，环织，用13号棒针编织。

3. 披肩编织。将260针分成20组叶子花，每组由13针起织，详细图解见花样A，织成14行时，在加空针的位置继续加空针，但不进行并针，这样，在每1个叶子花上加6针，第2个叶子花上加6针，在第3个叶子花上加2针，第4个叶子花不加针，针数为每组27针，继续再编织一个叶子花，但最后一个叶子花不再加针，单独收尖。

4. 领片的编织。领片用钩针钩织，沿着披肩领口，挑针钩织花样B，共钩织8层水草花，第9层钩织扇形花。

5. 装饰网眼的编织。用钩针钩织，用浅粉色线，起60cm长的锁针起钩，来回钩织，网眼由3种不同针数组成，先钩织4针网眼，共6层，再钩织5针网眼，共6层，最后钩织6针网眼，共8层，最后加钩一层扇形花。完成后，断线，藏好线尾。将之与披肩领口连接数个位置，但不完成缝合。最后沿着披肩衣摆边，用钩针钩织花样C。

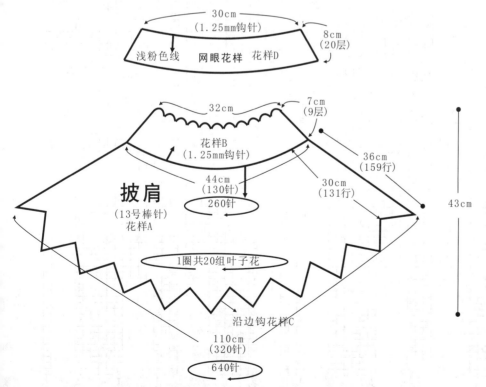

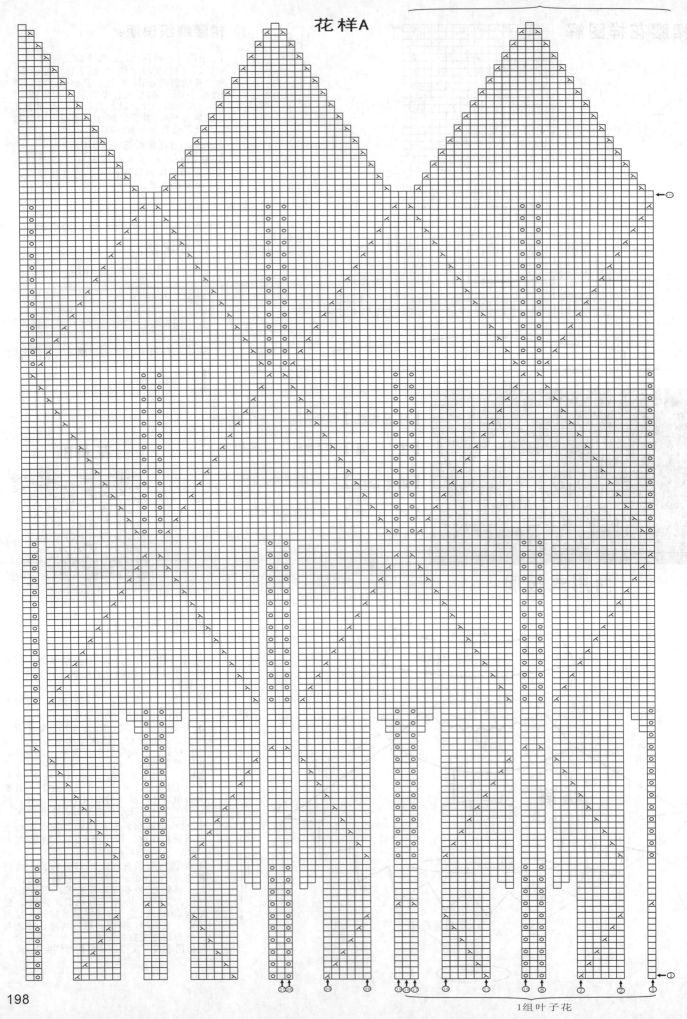

花样A

花样C

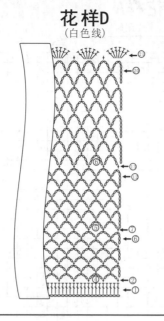

花样D
(白色线)

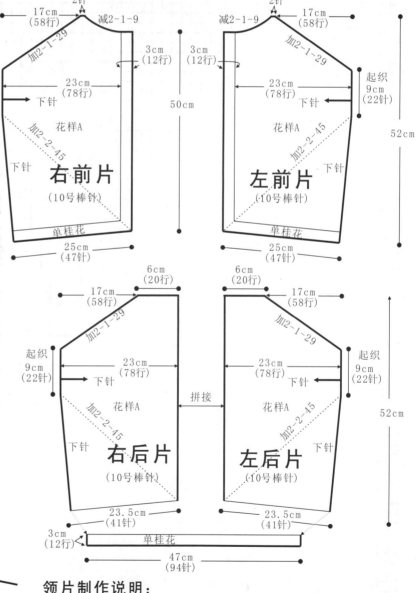

另类外套

符号说明：

□ 上针

□=□ 下针

2-1-3 行-针-次

↑ 编织方向

1针编出3针
的加针(上下上)

区 右并针

区 左并针

回 镂空针

【成品规格】 衣长52cm，下摆47cm，袖长56cm

【工 具】 10、11号棒针

【编织密度】 24针 3 4行=10cm²

【材 料】 中粗孔雀蓝羊毛线450g，宝石兰150g

前片/后片制作说明

1. 棒针编织法。这件衣服织法特别，但分解开来，无非是由几大块。从腋下起织的，衣身分为左前片、右前片，这两片单独编织。后片由左后片和右后片拼接，再往衣摆延伸编织衣边。两袖片单独编织，然后缝合，衣领最后挑针织。

2. 起针。以左前片为例，从腋下起织，下针起针法，起22针，来回编织，图解见花样A，第1行，织2针下针，向右加针，织17针下针，在第20针上，1针加成3针，织法是在第20针眼上，织1针下针，1针上针，织上针时，记得将线绕到上面，再织上针，再织这第20针，这样，就在1针上加出2针。然后将第21针和第22针织下针。第1、2针作插肩缝，始终织下针，第21、22针作衣身侧缝针，始终织下针，第2行返回全织上针；第3行，第1、2针织下针，向右加针，织19针下针；再1针加成3针，余下的全织上针，返回全织上针；如此重复编织。插肩缝这边加针的针数达到29针时，不再加针，先无减少编织2行，再进行衣领边减针编织，减针方法为2-1-9，共减少9针，然后不加减针编织12行的高度，这12行编织单桂花针。在编织衣领的同时，左边加针的位置，继续加针编织，与衣领编织同时进行，1针加成3针，当织成78行时，继续编织，但下针改为织单桂花针，加针不变，继续编织至90行。左前片完成，右前片的编织方法相同，只是加针的位置方向相反。后片也由左后片和右后片拼接而成，只是左后片与右后片不编织门襟的单桂花针，当织成78行时，将两片边织边缝合(无缝缝合)，后片两片不挖衣领边。将后片拼接后，再沿下摆边，编织12行单桂花针。4个衣片编织毛线为两色，按照花样C的色彩搭配进行编织。

3. 缝合。左前片和右前片的侧缝与后片的侧缝缝合。

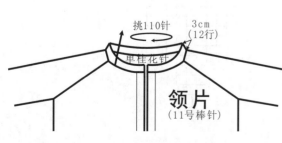

挑110针 3cm(12行)

单桂花针

领片
(11号棒针)

右前片 (10号棒针)
17cm(58行) 2针 减2-1-9 3cm(12行)
加2-1-29 起织9cm(22针) 下针 23cm(78行) 下针 花样A 加2-2-45 下针 单桂花 25cm(47针) 50cm

左前片 (10号棒针)
2针 减2-1-9 17cm(58行) 3cm(12行)
加2-1-29 起织9cm(22针) 23cm(78行) 下针 下针 花样A 加2-2-45 下针 单桂花 25cm(47针) 52cm

右后片 (10号棒针)
6cm(20行) 17cm(58行)
加2-1-29 起织9cm(22针) 下针 23cm(78行) 花样A 加2-2-45 下针 23.5cm(41针) 拼接

左后片 (10号棒针)
6cm(20行) 17cm(58行)
加2-1-29 起织9cm(22针) 23cm(78行) 下针 花样A 加2-2-45 下针 23.5cm(41针) 52cm

3cm(12行) 单桂花
47cm(94针)

领片制作说明：

1. 棒针编织法。

2. 起针。沿着衣领边挑针，挑110针。

3. 编织单桂花针，先织2行宝石兰，再用孔雀蓝织10行。

4. 最后用钩针沿着所有的衣边，用宝石兰线锁边。

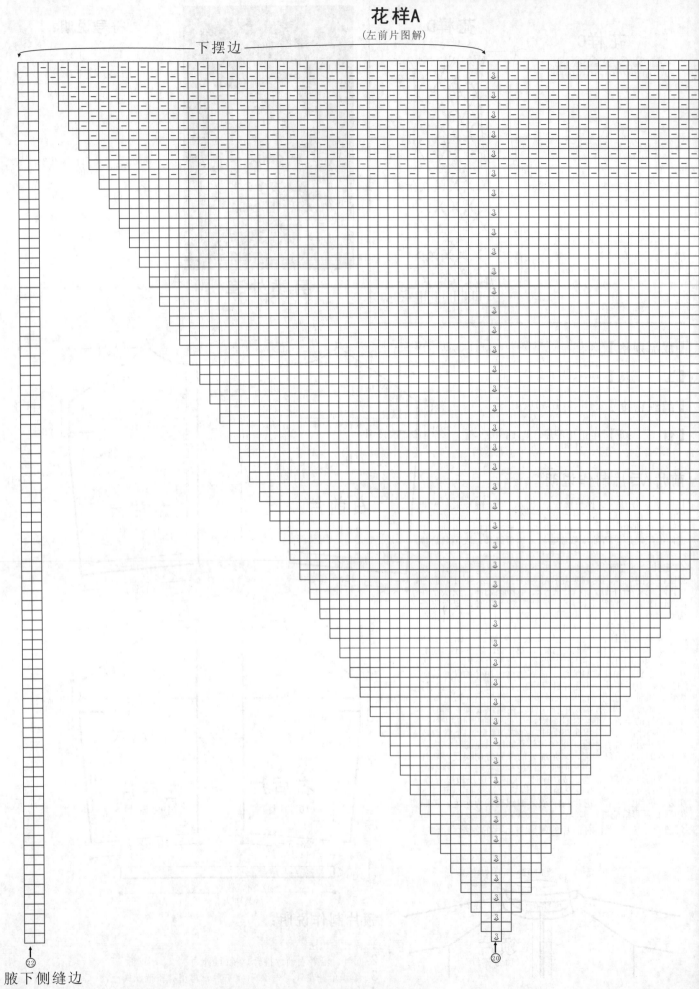

花样A
(左前片图解)

下摆边

腋下侧缝边

200

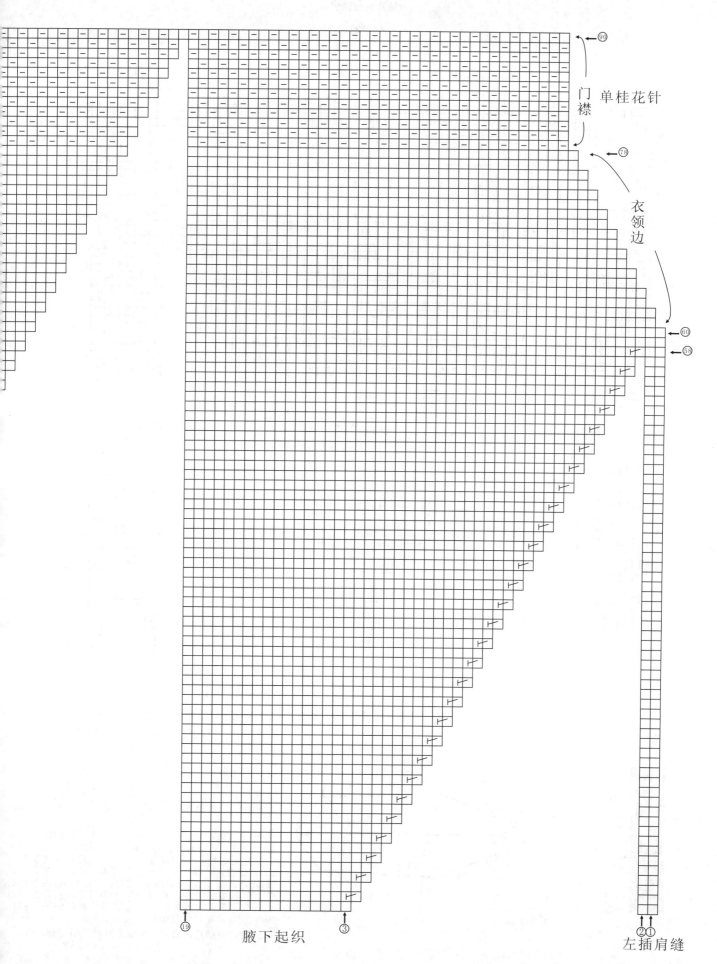

门襟　单桂花针

衣领边

腋下起织

左插肩缝

201

花样B

（袖片袖山图解）

↑ 织至袖口

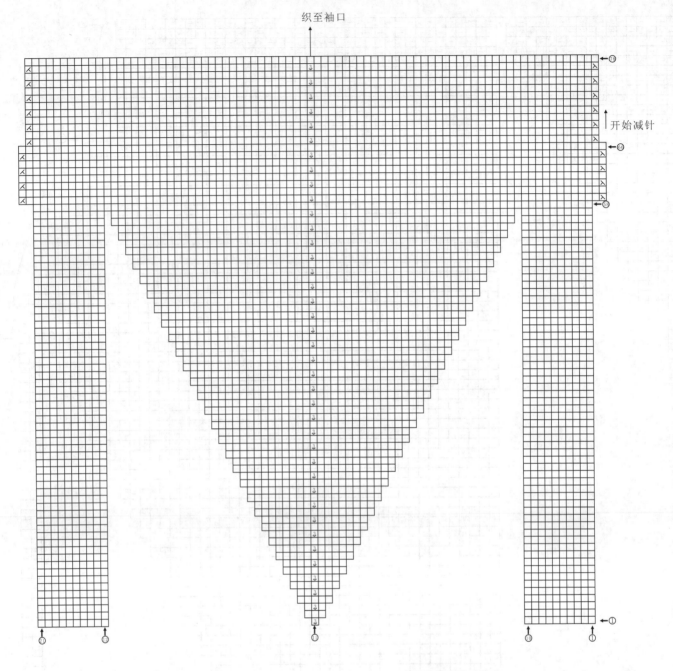

← 开始减针

花样C

（配色图案）

重复

宝石兰

孔雀蓝

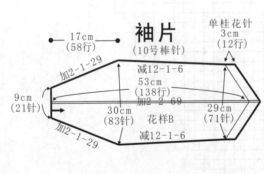

袖片制作说明：

1. 棒针编织法。单独编织两片，从袖肩部起织。

2. 起针。下针起针法，用10号棒针起织，起21针，来回编织。

3. 袖山的编织。起织，像编织插肩袖一样，从上往下织，加针编织。第一行，先编织10针下针，在第11针上，像左前片那样，1针加成3针，然后织10针下针，返回时，全织上针，第3行，在相同的位置上加针，如此重复编织，当加针织成58行时，完成袖片的袖山加针编织。

4. 袖身的编织。完成袖山后，在最后1针上加4针，接上另一边腋下开始编织袖身，袖身中间的1针加成3针的编织，继续进行，而两边进行并针，这样，中间加多的2针，就在两边减掉，但两边进行减针编织，每织16行减1针，共减6次，一行即减少2针，共织138行的袖身高度（从领边算起），袖口的针数为71针，然后袖口边编织单桂花针，共织12行，无加减。袖片的编织同样按照花样C的配色进行编织。

5. 缝合。将袖片插肩缝边与前后片的插肩缝边缝合。

袖片

（10号棒针）

单桂花针
3cm
（12行）

← 17cm
（58行）

加2-1-29

减12-1-6

53cm
（138行）

加2-2-69

9cm
（21针）

30cm
（83针）

花样B

29cm
（71针）

加2-1-29

减12-1-6

【成品规格】衣长57cm，下摆宽46cm，袖长24cm

【工　　具】13号棒针，13号环形针

【编织密度】37针 4 7行=10cm²

【材　　料】淡紫色棉线共450g，纽扣9枚

优雅短袖衫

花样A（搓板针）

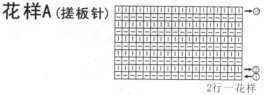

2行一花样

花样C（全下针）

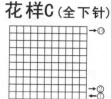

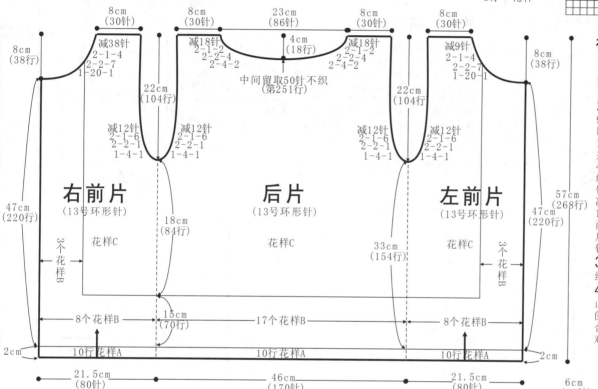

袖片制作说明：

1. 棒针编织法，编织两片袖片。从袖口起织。

2. 下针起针法，起96针，编织10行花A，即 板针，然后第11行起，编织花样B，共3个花样，织至42行，第43起行。编织袖山，袖山减针编织，两侧同时减针，方法为1-4-1，2-2-2，2-1-29，两侧各减少37针，最后织片余下22针，收针断线。

3. 同样的方法再编织另一袖片。

4. 缝合方法：将袖山对应前片与后片的袖窿，用线缝合，再将两袖侧缝对应缝合。

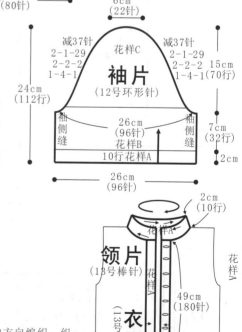

前片/后片制作说明：

1. 棒针编织法。袖窿以下一片编织完成，袖窿起分为左前片、右前片和后片来编织。织片较大，可采用环形针编织。

2. 起织。下针起针法，起330针起织，起织花样A 板针，共织10行，从第11行起将织片改织花样B，共33个花样，重复花样往上编织，共织70行，从第71行起将织片分配花样，左右衣襟侧各织3个花样B，中间部分织花样C下针，分配好花样后，重复往上编织至164行，将织片分片，分为右前片、左前片和后片，后片取170针编织。先编织后片，而右前片与左前片的针眼用防解别针扣住，暂时不织。

3. 分配后身片的针数到棒针上，用13号针编织，起织时两侧需要同时减针织成袖窿，减针方法为1-4-1，2-2-1，2-1-6，两侧针数各减少12针，余下146针继续编织，两侧不再加减针，织至第251行时，中间留取50针不织，用防解别针扣住，两端相反方向减针编织，各减少18针，方法为2-4-2，2-2-4，2-1-2，最后两肩部余下30针，收针断线。

4. 左前片与右前片的编织。两者编织方法相同，但方向相反，以右前片为例，右前片的左侧为衣襟边，起织时不加减针，右侧要减针织成袖窿，减针方法为1-4-1，2-2-1，2-1-6，针数减少12针，余下68针继续编织，当衣襟侧编织至230行时，织片向右减针织成前衣领，减针方法为1-20-1，2-2-7，2-1-4，将针数减38针，肩部余下30针，收针断线。左前片的编织顺序与减针法与右前片相同，但是方向不同。

5. 缝合。前片与后片的两肩部对应缝合。

领片/衣襟制作说明：

1. 棒针编织法，往返编织。

2. 先编织衣襟，见结构图所示，沿着衣襟边挑针起织，挑180针编织，沿着箭头所示的方向编织，织花样A，共织12行后收针断线，同样去挑针编织另一前片的衣襟边，方法相同，方向相反。在左边衣襟要制作9个扣眼，方法是在一行收起两针，在下一行重起这两针，形成一个扣眼。

3. 完成衣襟后才能去编织衣领，沿着前后衣领边挑针编织，织花样A，共织10行的高度，用下针收针法，收针断线。

花样B

10针14行一花样

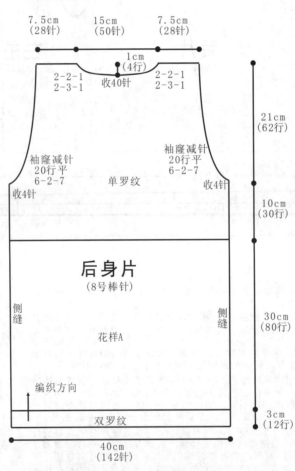

扭花纹毛衣

【成品规格】衣长64cm，下摆宽40cm，袖长54cm

【工　　具】8号棒针，缝针

【编织密度】单罗纹：36针 30行=10cm²
　　　　　　花样A：36针 27行=10cm²

【材　　料】毛线900g 纽扣3枚

前身片编织说明：

1.前身片分为两片编织，左身片和右身片各一片。

2.单个前身片起68针，编织12行双罗纹，从第13行开始编织花样A，编织30cm，80行后，换成单罗纹针法编织30行，第122行后开始袖窿减针，先平收4针，然后6-2-7。第148行开始减领窝，方法顺序是平收10针，然后2-1-14，不加针不减针织6行，编织178行后，收针断线。

3.同样的方法再编织另一前身片，完成后，将两前身片的侧缝与后身片的侧缝对应缝合。

后身片（8号棒针）

7.5cm（28针）　15cm（50针）　7.5cm（28针）

1cm（4行）
收40针
2-2-1 2-3-1　　2-2-1 2-3-1

袖窿减针 20行平 6-2-7　　袖窿减针 20行平 6-2-7
收4针　　　　收4针

单罗纹

侧缝　　　花样A　　　侧缝

21cm（62行）

10cm（30行）

30cm（80行）

编织方向

双罗纹

3cm（12行）

40cm（142针）

前身片（8号棒针）

6.5cm（24针）　7.5cm（28针）　5cm（18针）

6行平 2-1-14
10cm（30行）
收10针

袖窿减针 20行平 6-2-7　收4针

单罗纹

花样A　　侧缝

编织方向

双罗纹

21cm（62行）

10cm（30行）

30cm（80行）

3cm（12行）

19cm（68针）

后身片编织说明：

1.棒针编织法。后身片为一片编织。

2.后身片起142针，编织12行双罗纹，从第13行开始编织花样A，编织30cm，80行后，换成单罗纹针法编织30行，第122行后开始袖窿减针，先平收4针，然后6-2-7。

3.第174行开始减领窝，方法顺序是平收40针，然后2-3-1，2-2-1，编织178行后，收针断线。

符号说明：

□=□ 下针　　□ 上针

⊙ 镂空针　　2-1-3 行-针-次

左上4针交叉

门襟（袖窿、领）

62针

44针　　44针

2cm（6针）

9.5cm（30针）

9.5cm（30针）

门襟 单罗纹

编织方向

32cm（80针）

5cm（16行）

衣领（8号棒针）花样A

1cm（4针）下针

1cm（4针）下针

1cm（4针）下针

14cm（40行）

39cm（142针）

衣领编织说明：

1.衣片编织完成并将前后身片缝合好后才能编织衣领。

2.沿着领窝边均匀挑出150针，两边前衣领各挑织44针，后领窝挑出62针，分配花样，两边各取4针全织下针，中间分配花样A编织，共织40行的高度，14cm，收针断线。

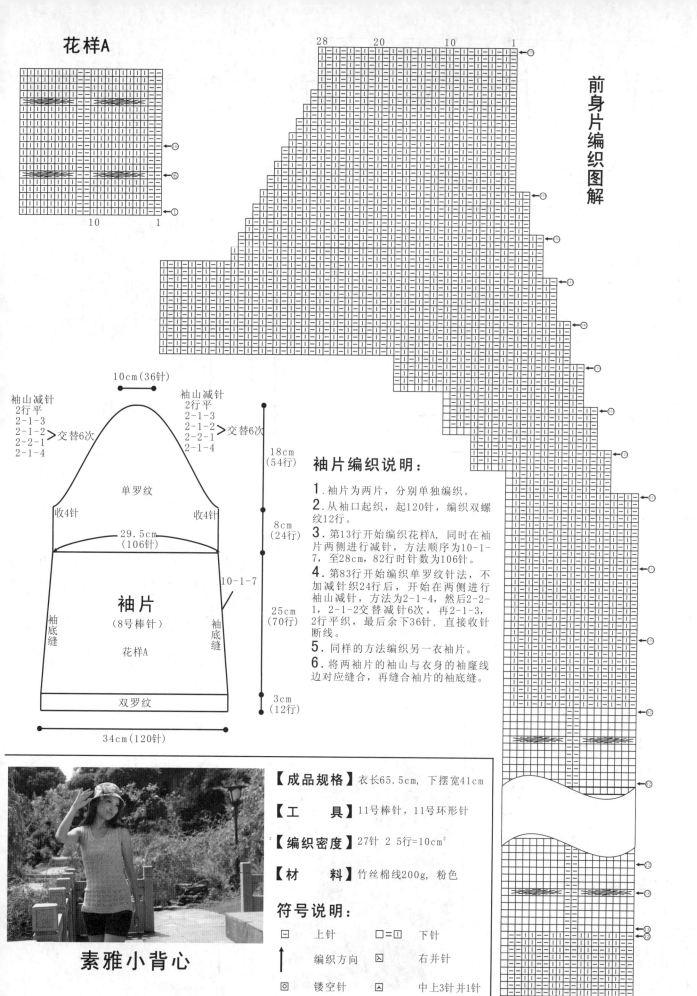

花样A

前身片编织图解

28　　20　　10　　1

袖片编织说明：

1. 袖片为两片，分别单独编织。

2. 从袖口起织，起120针，编织双螺纹12行。

3. 第13行开始编织花样A，同时在袖片两侧进行减针，方法顺序为10-1-7，至28cm，82行时针数为106针。

4. 第83行开始编织单罗纹针法，不加减针织24行后，开始在两侧进行袖山减针，方法为2-1-4，然后2-2-1，2-1-2交替减针6次，再2-1-3，2行平织，最后余下36针，直接收针断线。

5. 同样的方法编织另一衣袖片。

6. 将两袖片的袖山与衣身的袖窿线边对应缝合，再缝合袖片的袖底缝。

10cm(36针)

袖山减针
2行平
2-1-3
2-1-2
2-2-1　>交替6次
2-1-4

袖山减针
2行平
2-1-3
2-1-2
2-2-1　>交替6次
2-1-4

18cm
(54行)

单罗纹

收4针　　　　收4针

8cm
(24行)

29.5cm
(106针)

10-1-7

袖片
（8号棒针）

花样A

25cm
(70行)

袖底缝　　　　袖底缝

双罗纹

3cm
(12行)

34cm(120针)

【成品规格】衣长65.5cm，下摆宽41cm

【工　　具】11号棒针，11号环形针

【编织密度】27针 2 5行=10cm²

【材　　料】竹丝棉线200g，粉色

素雅小背心

符号说明：

| □ | 上针 | □=□ | 下针 |

| ↑ | 编织方向 | ⊠ | 右并针 |

| ⊡ | 镂空针 | ⊠ | 中上3针并1针 |

2-1-3　行-针-次

10　　1

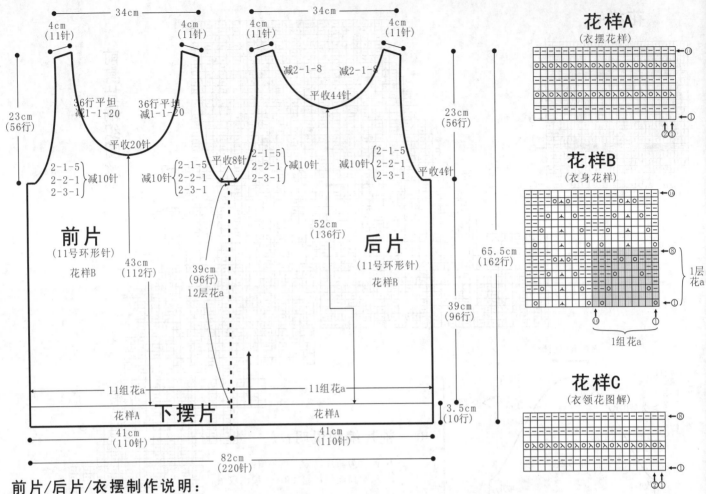

花样A
（衣摆花样）

花样B
（衣身花样）

1层花a

1组花a

花样C
（衣领花图解）

前片
（11号环形针）
花样B

43cm
（112行）

39cm
（96行）
12层花a

34cm

4cm
（11针）

4cm
（11针）

36行平坦
减1-1-20

36行平坦
减1-1-20

平收20针

2-1-5
2-2-1
2-3-1
} 减10针

减10针 {
2-1-5
2-2-1
2-3-1

平收8针

23cm
（56行）

11组花a

花样A

下摆片

41cm
（110针）

后片
（11号环形针）
花样B

34cm

4cm
（11针）

4cm
（11针）

减2-1-8   减2-1-8

平收44针

2-1-5
2-2-1
2-3-1
} 减10针

减10针 {
2-1-5
2-2-1
2-3-1

平收4针

52cm
（136行）

23cm
（56行）

65.5cm
（162行）

39cm
（96行）

3.5cm
（10行）

11组花a

花样A

41cm
（110针）

82cm
（220针）

前片/后片/衣摆制作说明：

1. 棒针编织法。从衣摆起织，织法简单，花样简单。

2. 起针。起220针，首尾连接，进行环织。用11号环形针编织

3. 衣摆编织。起针后，第1行织下针，第2行织上针，第3行织下针，第4行编织狗牙针，即织1针空针，再2针并1针，然后重复第1至第4行花样，共织成8行，第9行织下针，第10行织上针，完成衣摆边的编织，共220针，高3.5cm，共10行。

4. 衣身的编织。完成衣摆的编织后，将220针分配成22组花a，每组共10针，织法图解见花样B，每组花a共8行，8行作一层计算，衣服无加减针编织12层的高度时，完成袖窿下的编织。袖窿下（含衣摆）共织成106行，高度42.5cm。

5. 袖窿以上的分片编织。将织片对称对折，每片110针，先编织后片，先将前片的110针，用防解别针扣住，将后片的110针，移动11号棒直针上，第1针起，先收针4针，第5针起照花样B编织，完成一行后，返回第2行时，先平收4针，余下的继续编织，第3行起，开始进行袖窿减针，减针方法为2-3-1，2-2-1，2-1-5，两边各减少10针，织片余下82针，继续来回编织，当织至袖窿算第40行的高度时，即花a5层的高度时，中间选取44针收针，两边分别相反方向减针，减针方法为2-1-8，各减掉8针，减针行织成16行，肩部余下11针，收针断线。前片的编织。前片的织法与后片相同，只是前衣领边在织成袖窿算起16行，即2层花a的高度时，开始从中间选取20针收针，两边分别相反方向减针，减针方法为：1-1-20，减行织成20行，然后无加减针织36行的高度时，将前肩部与后肩部对应缝合。

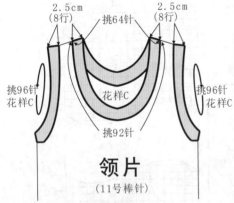

2.5cm
（8行）

挑64针

2.5cm
（8行）

挑96针
花样C

花样C

挑92针

挑96针
花样C

领片
（11号棒针）

领片/袖口制作说明：

1. 棒针编织法。

2. 起针。沿衣领边挑针，挑156针，环织，用4根直针编织。

3. 前衣领边挑92针，后衣领边挑64针，环织，花样图解参照花样C，共织8行的高度，2.5cm高。

4. 袖口的编织。袖口一圈挑96针编织，花样图解见花样C，共8行的高度，2.5cm宽。另一只袖口织法相同。

经典短袖衫

【成品规格】上衣长60cm，下摆宽48cm

【工　　具】11号棒针，11号环形针

【编织密度】28针 39行=10cm²

【材　　料】段染长毛晴纶线600g，偏紫花色

符号说明：

□ 上针

□=1 下针

2-1-3 行-针-次

↑ 编织方向

回 镂空针

△ 中上3针并1针

■ 黑色

□ 白色

▨ 灰色

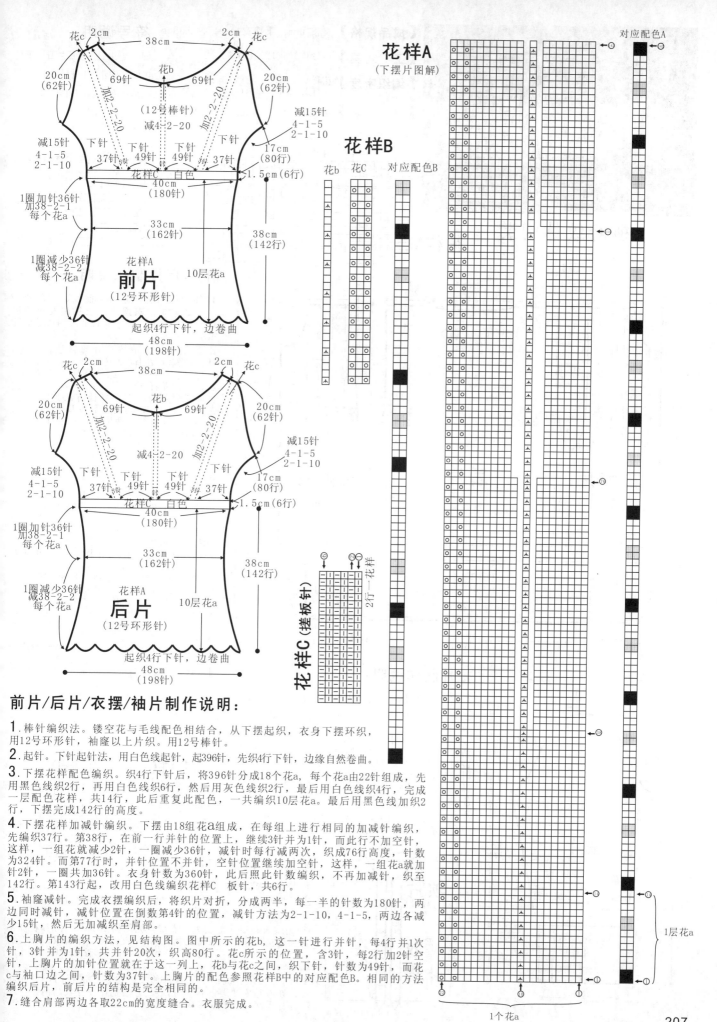

花样A
（下摆片图解）

花样B

花b　花C　对应配色B

对应配色A

花c　2cm　38cm　2cm　花c

20cm　69针　花b　69针　20cm
（62针）　　　　　　　（62针）

（12号棒针）
减4·2-20

减15针
4-1-5
2-1-10

17cm
（80行）

下针　下针　下针　下针
37针　49针　49针　37针

花样C　白色　1.5cm（6行）

40cm
（180针）

1圈加针36针
加38-2-1
每个花a

33cm
（162针）

38cm
（142行）

1圈减少36针
减38-2-2
每个花a

花样A　10层花a

前片
（12号环形针）

起织4行下针，边卷曲

48cm
（198针）

花c　2cm　38cm　2cm　花c

20cm　69针　花b　69针　20cm
（62针）　　　　　　　（62针）

减4·2-20

减15针
4-1-5
2-1-10

17cm
（80行）

下针　下针　下针　下针
37针　49针　49针　37针

花样C　白色　1.5cm（6行）

40cm
（180针）

1圈加针36针
加38-2-1
每个花a

33cm
（162针）

38cm
（142行）

1圈减少36针
减38-2-2
每个花a

花样A　10层花a

后片
（12号环形针）

起织4行下针，边卷曲

48cm
（198针）

花样C（搓板针）

2行一花样

1个花a

1层花a

前片/后片/衣摆/袖片制作说明：

1. 棒针编织法。镂空花与毛线配色相结合，从下摆起织，衣身下摆环织，用12号环形针，袖窿以上片织。用12号棒针。

2. 起织。下针起针法，用白色线起针，起396针，先织4行下针，边缘自然卷曲。

3. 下摆花样配色编织。织4行下针后，将396针分成18个花a，每个花a由22针组成，先用黑色线织2行，再用白色线织6行，然后用灰色线织2行，最后用白色线织4行，完成一层配色花样，共14行，此后重复此配色，一共编织10层花a。最后用黑色线加织2行，下摆完成142行的高度。

4. 下摆花样加减针编织。下摆由18组花a组成，在每组上进行相同的加减针编织，先编织37针。第38行，在前一行并针的位置，继续3针并为1针，而此行不加空针，这样，一组花就减少2针，一圈减少36针，减针时每行减两次，织成76行高度，针数为324针。而第77行时，并针位置不并针，空针位置继续加空针，这样，一组花a就加针2针，一圈共加36针。衣身针数为360针，此后照此针数编织，不再加减针，织至142行。第143行起，改用白色线编织花样C　板针，共6行。

5. 袖窿减针。完成衣摆编织后，将织片对折，分成两半，每一半的针数为180针，两边同时减针，减针位置在倒数第4针的位置，减针方法为2-1-10，4-1-5，两边各减少15针，然后无加减至肩部。

6. 上胸片的编织方法，见结构图。图中所示的花b，这一针进行并针，每4行并1次，3针并为1针，共并针20次，织高80行。花c所示的位置，含3针，每2行加2针空针，加针的加针位置就在于这一列上，花b与花c之间，织下针，针数为49针，而花c与袖口边之间，针数为37针。上胸片的配色参照花样B中的对应配色B。相同的方法编织后片，前后片的结构是完全相同的。

7. 缝合肩部两边各取22cm的宽度缝合。衣服完成。

柳叶纹休闲装

【成品规格】衣长70cm, 下摆宽40cm, 袖长58cm

【工　具】11号棒针, 12号棒针

【编织密度】花样A：26针 3 4行=10cm²
花样B：22针 28行=10cm²

【材　料】灰色羊毛线共600g, 纽扣5枚

符号说明：

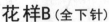
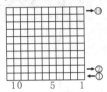

□　　　　上针　　□=□　下针
⊠　　　中上3针并1针
⊡　　　右上2针并1针
□　　　镂空针

2-1-3　　行-针-次

花样B（全下针）

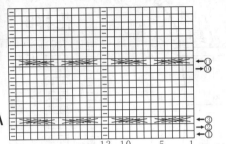

花样A

13 10　　5　　1

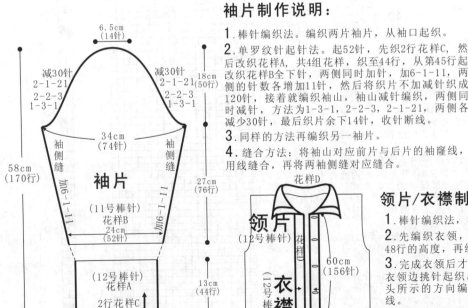

前片/后片制作说明：

1. 棒针编织法。分为左前片、右前片、后片来编织, 衣摆边, 衣袖边及衣领用12号棒针编织, 衣身及衣袖片用11号棒针编织。

2. 起织后片。单罗纹针起针法, 起104针, 起织2行花样C单罗纹针, 然后改织花样A, 共8组花样A, 织至58行, 从第59行起, 改织花样B全下针, 织至108行, 两侧同时减针织成袖窿, 减针方法为1-3-1, 2-2-2, 2-1-3, 两侧针数各减少10针, 余下84针继续编织, 两侧不再加减针, 织至第203行时, 中间留取36针不织, 用防解别针扣住, 两端相反方向减针编织, 各减少2针, 方法为2-1-2, 最后两肩部余下22针, 收针断线。

3. 左前片与右前片的编织。两者编织方法相同, 但方向相反, 以右前片为例, 右前片的左侧为衣襟边, 单罗纹针起针法, 起46针, 起织2行花样C单罗纹针, 然后改织花样A, 共3.5组花样A, 织至58行, 从第59行起, 改织花样B全下针, 织至104行, 左侧13针改为编织1组花样A, 其他仍织花样B, 重复往上编织, 织至108行, 第109行右侧减针织成袖窿, 减针方法为1-3-1, 2-2-2, 2-1-3, 共减少10针, 余下36针继续编织, 两侧不再加减针, 织至第121行时, 左侧26针改织花样A, 其他仍织花样B, 重复往上编织, 织至137行时, 左侧起编织3组花样A, 重复往上编织至178行, 第178行起, 织片向右减针织成前衣领, 减针方法为1-6-1, 2-2-2, 2-1-4, 将针数减14针, 肩部余下22针, 收针断线。

4. 左前片的编织顺序与减针法与右前片相同, 但是方向不同。

5. 缝合。前片与后片的两侧缝对应缝合, 两肩缝缝合。

花样C（单罗纹针）

花样D

袖片制作说明：

1. 棒针编织法。编织两片袖片, 从袖口起织。

2. 单罗纹针起针法。起52针, 先织2行花样C, 然后改织花样A, 共4组花样, 织至44行, 从第45行起改织花样B全下针, 两侧同时加针, 加6-1-11, 两侧的针数各增加11针, 然后将织片不加减针织成120行, 接着就编织袖山, 袖山减针编织, 两侧同时减针, 方法为1-3-1, 2-2-3, 2-1-21, 两侧各减少30针, 最后织片余下14针, 收针断线。

3. 同样的方法再编织另一袖片。

4. 缝合方法：将袖山对应前片与后片的袖窿线, 用线缝合, 再将两袖侧缝对应缝合。

领片/衣襟制作说明：

1. 棒针编织法, 往返编织。

2. 先编织衣领, 沿着前后衣领边挑针编织, 织花样D, 共织48行的高度, 再织2行花样C, 用单罗纹针收针法, 收针断线。

3. 完成衣领后才能去编织衣襟, 见结构图所示, 沿着衣襟及衣领边挑针起织, 衣襟共挑156针, 衣领挑44针编织, 沿着箭头所示的方向编织花样D, 共织8行, 改织4行花样C, 收针断线。

4. 同样去挑针编织另一前片的衣襟边, 方法相同, 方向相反, 在左边衣襟要制作5个扣眼, 方法是在一行收起两针, 在下一行重起这两针, 形成一个眼。